AF609182

DES

ENGRAIS INORGANIQUES

EN GÉNÉRAL,

ET DU SEL MARIN

(CHLORURE DE SODIUM)

EN PARTICULIER.

Paris. — Typographie de Firmin Didot frères, rue Jacob, 56

DES
ENGRAIS INORGANIQUES
EN GÉNÉRAL,
ET DU SEL MARIN
(CHLORURE DE SODIUM)
EN PARTICULIER;

PAR M. BECQUEREL,

OFFICIER DE LA LÉGION D'HONNEUR, MEMBRE DE L'ACADÉMIE DES SCIENCES,
PROFESSEUR ADMINISTRATEUR DU MUSÉUM D'HISTOIRE NATURELLE,
DE LA SOCIÉTÉ NATIONALE ET CENTRALE D'AGRICULTURE,
DE LA SOCIÉTÉ ROYALE DE LONDRES, ETC.

PARIS,

LIBRAIRIE DE FIRMIN DIDOT FRÈRES,
IMPRIMEURS DE L'INSTITUT DE FRANCE,
RUE JACOB, 56.

1848.

PRÉFACE.

Le sujet principal de cet ouvrage paraissant étranger, jusqu'à un certain point, aux questions de physique générale, dont je m'occupe depuis plus de trente ans, je crois devoir faire connaître au public les motifs qui m'ont engagé à l'étudier avec tout le soin qu'exige son importance.

L'année dernière, quelques amis eurent l'idée de me présenter comme candidat à la place laissée vacante, dans le sein de la Société nationale et centrale d'agriculture, par le décès de M. Dutrochet; la Société ayant daigné m'admettre au nombre de ses membres titulaires, je cherchai à m'occuper d'une question physico-chimique se rattachant à l'agriculture, dans le but de lui en témoigner ma reconnaissance. Mon choix ne se fit pas longtemps attendre.

Chargé de l'inspection des anciennes salines nationales de l'Est, devenues propriétés particulières et confiées à l'administration sage, éclairée et paternelle de M. de Grimaldi, je fus fort étonné, en visitant, en 1847, celles des départements du Doubs et du Jura, de la beauté de la végétation dans le voisinage des bâtiments de graduation, d'où s'échappent continuellement des gouttelettes d'eau salée, que le vent transporte plus ou moins loin, suivant sa force, sur les prairies et les champs de céréales environnants. L'idée me vint aussitôt d'étudier le rôle que le sel peut jouer en agriculture, comme engrais inorganique, en faisant concourir toutefois à son action celle de l'eau et des engrais organiques.

M. de Grimaldi, toujours empressé de favoriser les recherches scientifiques qui peuvent éclairer la pratique, alors même qu'elles n'ont pas d'applications immédiates à l'industrie, me procura les moyens d'observation dont j'avais besoin pour approfondir une question sur laquelle les chimistes et les agriculteurs les plus distingués différaient d'opinion.

Je ne tardai pas à m'apercevoir que cette question était très-complexe, et que le désaccord dans les résultats obtenus jusqu'ici provenait uniquement de ce que toutes les expériences n'avaient point été faites dans les mêmes conditions. On avait négligé effectivement la nature et la composition du sol, ses propriétés physiques, et surtout son état hygroscopique, c'est-à-dire la plus ou moins grande quantité d'eau qu'il renferme dans les diverses saisons de l'année, la présence ou l'absence d'engrais organiques; enfin le climat, qui joue également un rôle important, suivant qu'il est plus ou moins humide.

Envisagée ainsi, la question du sel considéré comme engrais inorganique rentrait jusqu'à un certain point dans la physique générale. D'autant plus, dois-je ajouter, qu'elle se rattachait à la question de la formation des sols et de leurs propriétés physiques, que j'expose dans le cours de physique appliquée dont je suis chargé au Muséum d'histoire naturelle. Je crus devoir, en conséquence, m'occuper d'une manière générale des engrais inorganiques, afin de pouvoir mieux comparer leur mode d'action à celui du sel marin. Je fus ainsi amené à composer un traité des engrais inorganiques, en y comprenant le sel ordinaire.

Les engrais inorganiques ayant été étudiés avec soin par Davy, Puvis, MM. Boussingault, de Gasparin, etc., j'ai pris dans leurs ouvrages les principaux documents dont j'avais besoin pour mon exposé.

Quant aux engrais organiques, il n'en a été question que d'une manière générale, mon but ayant été seulement d'établir leurs relations avec les engrais inorganiques dans les diverses cultures.

Je désire vivement que cette publication puisse servir de guide aux personnes qui s'occupent d'expériences relatives à l'emploi du sel en agriculture comme engrais inorganique, question qui attire dans ce moment l'attention des gouvernements et des agriculteurs dans toute l'Europe.

DES
ENGRAIS INORGANIQUES
EN GÉNÉRAL,
ET DU SEL MARIN
(CHLORURE DE SODIUM)
EN PARTICULIER.

CONSIDÉRATIONS GÉNÉRALES SUR LA VIE VÉGÉTALE.

Les végétaux vivent aux dépens de l'air et du sol : l'un leur fournit les éléments nécessaires à la respiration, l'autre les éléments organiques et inorganiques qui servent à leur nutrition. L'agriculteur doit chercher à se rendre compte des phénomènes chimiques et physiologiques produits dans ces deux grands actes de la vie végétale ; car s'il ne connaît pas la composition du sol, ses propriétés physiques, la nature et le mode d'action des éléments qui servent directement ou indirectement à la nutrition des plantes et à l'élaboration des divers produits formés, il ne saurait expliquer le mode d'action des engrais, ni faire un choix rationnel des substances à ajouter au sol pour le rendre fertile, alors qu'il a perdu cette faculté, ni résoudre des difficultés de détails qui arrêtent souvent le plus habile praticien.

Un végétal, comme tout corps vivant, est en réalité un

laboratoire dans lequel s'opèrent une foule de réactions chimiques destinées à entretenir la vie dans toutes les parties dont il se compose. Si ces réactions viennent à diminuer ou à cesser dans quelques-unes d'entre elles, ou dans toutes à la fois, il y a diminution ou cessation partielle ou totale des fonctions vitales, et alors la décomposition commence. La force vitale, cette force occulte qui entretient la vie, fait constamment antagonisme aux forces de la nature inorganique, c'est-à-dire aux forces qui régissent la matière brute ; quand cet antagonisme n'existe plus, ces dernières exercent exclusivement leur action, et il se produit, selon la nature de la matière organique, une fermentation alcoolique, acide, ou putride, dont le but est de ramener les éléments constitutifs de l'organisme à l'état où ils se trouvaient avant d'être soumis à l'action vitale. Cette fermentation, cette putréfaction ne se manifestent toutefois que sous l'influence de la chaleur et au contact de l'air.

Les réactions chimiques qui s'opèrent dans l'organisme, pendant la vie, s'effectuent dans des appareils nommés *organes*, qu'il importe de connaître quand on cherche à se rendre compte des effets produits sous l'influence des agents extérieurs. Ces organes ne sont pas tous également impressionnés par chacun de ces agents : les feuilles, par exemple, organes respiratoires des plantes, ne prennent à l'air que les éléments nécessaires aux fonctions qu'ils remplissent ; les racines aspirent par l'intermédiaire des spongioles terminales les liquides dont le sol est humecté, et qui sont destinés à constituer la séve. Tel agent, en outre, agit efficacement sur les feuilles et ne produit aucun effet sur les racines, comme le plâtre répandu sur les prairies artificielles en est un exemple.

L'oxygène, l'hydrogène, le carbone et l'azote se rencontrent dans les divers organes des végétaux ; l'azote appartient plus spécialement aux matières animales; les végétaux contiennent en outre, mais en très-petite proportion, du soufre, du phosphore, du chlore, du fer, du manganèse, du potassium, du sodium, du calcium, du silicium et du magnésium, substances enlevées au sol.

L'oxygène est ordinairement combiné avec l'hydrogène, dans les proportions voulues pour former de l'eau, c'est-à-dire dans la proportion d'un volume d'oxygène pour deux volumes d'hydrogène; avec le soufre, le phosphore, le fer, le manganèse, le potassium, le sodium, le calcium, etc., pour former les acides sulfurique et phosphorique, les oxydes de fer et de manganèse, les alcalis et les terres. Il est combiné enfin avec le carbone et l'hydrogène pour former les acides gallique, citrique, tartrique, etc., etc.; le sucre, la gomme, etc., etc.

Tout végétal, comme tout corps vivant, possède en lui un principe qui prédispose les éléments inorganiques, dont il s'empare pour sa nutrition et son accroissement, à s'assimiler à lui, à former des produits organiques en diverses proportions; de là, la dénomination de force vitale, de force assimilatrice donnée à ce principe qui change la matière brute en matière organique, et dont la nature est telle, que si tous les corps organisés qui se trouvent à la surface de la terre venaient à disparaître par l'effet d'un cataclysme, on ne voit pas en vertu de quelle cause il pourrait renaître.

C'est donc sous l'influence de la force assimilatrice que les éléments inorganiques forment des tissus, des vaisseaux et autres parties élémentaires des corps organisés, ou du moins concourent à leur développement. Ces tissus, ces vaisseaux sont composés d'éléments gazeux et d'éléments solides; ces derniers sont les seuls qu'on retrouve dans les cendres des végétaux, après leur incinération, combinés avec quelques-uns des produits gazeux résultant de la combustion.

Les éléments solides contenus dans les végétaux, et qui sont indispensables à leur développement, quoiqu'en très-petite proportion, sont fournis par le sol; il faut donc, lorsque celui-ci ne les renferme pas, les lui donner au moyen des engrais inorganiques et organiques.

De la germination. Une graine est un corps organisé, fermé de toutes parts, contenant l'embryon, rudiment de la plante qui l'a produit. Elle se compose souvent, indépendamment de l'embryon, d'un organe particulier appelé albumen (périsperme) et de téguments protecteurs. L'embryon est pourvu d'un ou deux appendices appelés cotylédons. Ces cotylédons sont simples ou doubles, suivant les embranchements. Les Graminées n'en ont qu'un seul; la plupart des autres plantes, comme les Haricots, les Fèves, etc., en ont deux.

Les cotylédons contiennent en général de l'amidon, de la gomme, une matière azotée analogue au caséum, au lait et à l'albumine animale; enfin une matière grasse ou huileuse, riche en carbone. Les cendres des graines donnent à l'analyse des phosphates, des sulfates, des chlorures alcalins et terreux, de la silice et des carbonates.

La germination commence aussitôt que la graine est exposée à une température qui ne doit pas dépasser trente degrés centigrades, en présence de l'oxygène et de l'eau. L'eau délaye les matières amylacées et autres contenues soit dans les cotylédons, soit dans l'albumen ou le périsperme, afin de les rendre propres à pénétrer dans la plantule ; l'oxygène réagit en même temps sur ces matières pour leur enlever une partie de leur carbone et produire de la chaleur, avec dégagement de gaz acide carbonique. Dans toutes les graines qui renferment un dépôt d'amidon, un principe actif, la diastase, transforme l'amidon insoluble en dextrine et en glucose solubles. Cette gomme et ce sucre sont destinés à la nourriture de l'embryon, comme le lait à celle des jeunes animaux.

A une certaine époque de la germination, les cotylédons s'écartent : la jeune plante se dégage de son enveloppe, la racine pénètre dans la terre, la plumule développe ses premières feuilles en soulevant la terre et se dirigeant vers la lumière. Les cotylédons, puis les feuilles séminales, se dessèchent et tombent aussitôt que les véritables feuilles sont développées. Une fois la germination achevée, la jeune plante vit aux dépens de l'air, de l'eau et du sol, qui lui fournissent tous les éléments dont elle a besoin pour son développement.

L'eau agit-elle autrement qu'en dissolvant les parties solubles de la graine ? Ses éléments ne sont-ils pas séparés pour former de nouvelles combinaisons, sous l'influence de la force assimilatrice ? Rien jusqu'ici ne tend à le faire supposer.

Pendant la germination, l'oxygène absorbé est remplacé par un volume égal de gaz acide carbonique, d'où il suit que l'oxygène provenant de l'air contenu dans l'eau est employé à brûler le carbone de la graine, tandis que l'oxygène et l'hydrogène de l'eau paraissent passer en entier dans l'embryon. La germination ne saurait donc avoir lieu dans un milieu privé d'oxygène, puisque ce gaz est destiné à enlever une partie du carbone contenu dans la graine.

L'acide carbonique n'est pas le seul acide qui se produise pendant le premier acte de la vie végétale ; j'ai prouvé par de nombreuses expériences qu'il se formait encore de l'acide acétique.

L'air renferme, rigoureusement parlant, tous les éléments propres à entretenir la végétation ; en effet, il est composé de 20,90 d'oxygène, de 79,10 d'azote pour cent, en volume, et de 4 à 6 dix-millièmes de gaz acide carbonique; d'une quantité variable de vapeur d'eau, et de quantités presque toujours impondérables de gaz ou de vapeurs provenant de la décomposition des matières animales et végétales ; il contient encore, mais accidentellement, des nitrates dus à la saturation des bases libres qui se trouvent toujours dans l'air, par l'acide nitrique formé dans les temps d'orage, à l'instant où s'opèrent les décharges électriques à travers les couches aériennes.

M. Liebig, dans l'analyse qu'il a faite de différentes eaux provenant de pluies orageuses, y a constamment trouvé des nitrates de chaux et d'ammoniaque.

Quoique les plantes puissent vivre, jusqu'à un certain point, dans l'air, comme on en a de nombreux exemples, néanmoins le principal rôle de l'atmosphère est de fournir aux feuilles les éléments nécessaires à la respiration, et aux racines les éléments gazeux qui concourent à la nutrition.

L'eau chargée d'acide carbonique enlevé à l'air, et de divers composés, les uns pris au sol, les autres provenant de la décomposition des matières organiques environnantes, pénètre dans les racines, de là dans les tiges, les branches et les feuilles, qui ont pour fonction d'évaporer une portion de l'eau superflue et d'exposer les substances tenues en dissolution à l'action de l'air. Cette action, sous l'influence de la lumière, est telle, du moins on le suppose, que l'acide carbonique est décomposé; le carbone mis à nu sert à l'accroissement du végétal, tandis que l'oxygène est expulsé. Pendant la nuit, c'est le contraire; une portion du carbone accumulé pendant le jour se combine avec l'oxygène que les parties vertes ont absorbé; l'acide carbonique ainsi formé est expulsé du végétal, mais en moins grande quantité qu'il n'y est entré.

Je viens de dire que l'on suppose qu'il en est ainsi, attendu que l'on ne sait pas encore d'une manière certaine si réellement l'acide carbonique est décomposé immédiatement sous l'influence solaire.

Il résulte de ce qui précède que plus les plantes sont exposées à la lumière, plus elles absorbent de carbone; et que plus la nuit est courte, moins elles abandonnent de carbone pendant l'obscurité, et plus la végétation est active. De là vient que dans les régions les plus septentrionales, où il existe, en y comprenant les deux crépuscules, celui du matin et celui du soir, un jour de six mois et une nuit de même durée, la vie des plantes parcourt en six semaines les mêmes périodes qu'en quatre ou cinq mois en Italie.

Les faits qui précèdent montrent que les plantes ne sauraient prospérer sous l'influence solaire, dans une atmosphère exempte d'acide carbonique; elles y vivent pendant un certain temps aux dépens de l'acide carbonique dégagé pendant la nuit.

On voit bien comment les plantes, dans les phénomènes de la respiration, s'approprient le carbone et l'oxygène; mais comment prennent-elles l'hydrogène et l'azote qui se trouvent en quantité notable dans certaines parties de différentes plantes?

Jusqu'ici rien ne peut faire présumer que l'eau soit décomposée de manière à ce que son hydrogène fasse partie d'une combinaison ; si la décomposition avait lieu, que deviendrait l'oxygène ? Tout ce que l'on sait à cet égard, c'est que ce gaz et l'hydrogène se trouvent ordinairement dans les proportions voulues pour former de l'eau ; que fréquemment il y a un excès d'hydrogène, et très-peu de cas où il y ait plus d'oxygène que d'hydrogène.

Quant à l'azote et aux éléments azotés, ils sont fournis aux racines par la terre, car rien n'autorise à croire que les feuilles absorbent de l'azote ; il paraît que les végétaux trouvent dans l'air, qui le fournit à la terre, une partie de l'azote dont ils ont besoin pour leur développement. On cite comme preuve à l'appui l'exemple suivant : lorsqu'on enfouit dans la terre tout ce qui reste d'un Trèfle après l'avoir coupé, on communique au sol une fertilité nouvelle, quoique l'on ait récolté une masse assez considérable de fourrages ; il faut donc que l'air ait fourni plus d'azote que la terre.

La germination une fois achevée, la jeune plante vit aux dépens de l'air, de l'eau et du sol ; mais à la rigueur, je le répète, l'eau et l'air suffisent pour fournir le carbone, l'oxygène, l'hydrogène et l'azote ; en voici un exemple : des Pois ont été semés en mai, par M. Lassaigne, dans de la brique pilée, préalablement chauffée au rouge pour détruire toutes les matières organiques. On arrosa convenablement avec de l'eau distillée. La végétation avait lieu en serre. Les plantes parcoururent toutes les phases de la végétation, et on fit la récolte à la fin d'août. L'analyse prouva que les éléments qui existaient primitivement dans la graine avaient acquis une proportion considérable. Nul doute que l'eau et l'air n'aient fourni à la plante les éléments nécessaires à sa nutrition. Mais pour obtenir une végétation forte et productive il faut fournir aux plantes, en outre des matières minérales, des engrais organiques azotés.

Les principes constituants de l'air et les substances qu'il renferme agissent aussi, quoique moins énergiquement, sur les organes qui ne sont pas verts, tels que les racines. C'est pour ce motif qu'il est nécessaire que la terre soit meuble et perméable, conditions que l'on remplit au moyen des labours qui permettent à l'eau extérieure de s'infiltrer pour porter aux racines les plus profondes l'oxygène et autres agents enlevés à l'air.

Lorsque les plantes commencent à se développer, leur couleur, d'abord pâle, verdit successivement, à mesure qu'elles sont frappées par la lumière solaire. Si elles vivent constamment dans l'obscurité, elles restent blanches et aqueuses, et n'acquièrent pas la consistance qu'elles prennent sous l'influence de la lumière; une plante qui se trouve dans cet état est dite étiolée.

Les feuilles qui exhalent la partie excédante d'eau que renferme la séve, possèdent aussi la propriété d'absorber les liquides avec lesquels on les met en contact. Les deux côtés toutefois n'en jouissent pas au même degré. Chez les arbres et les arbrisseaux, ce pouvoir appartient, en général, à la partie inférieure; chez certains végétaux, comme la Pomme de terre, il appartient à la partie supérieure; conséquemment, la pluie et la rosée contribuent à entretenir la fraîcheur des feuilles.

Les fruits, avant leur maturité, se comportent comme les feuilles relativement à leur mode d'action sur l'air. Il en est encore de même quand ils sont cueillis encore verts.

L'expérience a démontré que les matières minérales qui se comportent comme poisons à l'égard des animaux, agissent de même relativement aux végétaux. Je citerai l'acide arsénieux, le deutochlorure de mercure, les sels de plomb et de cuivre. Les substances gazeuses délétères causent également des effets nuisibles aux plantes ; ainsi, un demi pour cent de gaz sulfureux mêlé à l'air suffit pour les faire mourir en peu d'heures. Il en est de même du chlore. Les feuilles périssent les premières, à partir du pétiole. Elles ne supportent que quelques centièmes de gaz ammoniaque et de gaz hydrosulfurique. Quelques centièmes de gaz cyanogène rendent l'air délétère. Il existe quelques gaz qui paraissent être sans action sur les plantes, tels que le gaz oxyde de carbone et le gaz oléfiant.

L'exposé qui précède suffit pour l'intelligence de ce que j'ai à dire concernant l'action des engrais sur les plantes.

CHAPITRE I.

DES TERRES ARABLES.

§ 1er. DES PRINCIPAUX ÉLÉMENTS INORGANIQUES ET ORGANIQUES QUI ENTRENT DANS LA COMPOSITION DES TERRES ARABLES.

Le sol agit sur la végétation, soit en servant de support aux plantes par l'intermédiaire des racines, soit en raison de sa composition. On distingue deux espèces d'éléments remplissant des fonctions différentes, savoir : les éléments inorganiques ou minéralogiques, et les éléments organiques formés des détritus de matières animales ou végétales.

Des éléments minéralogiques.

Ces éléments proviennent de la décomposition des roches. Le premier sol formé l'a été aux dépens des roches ignées, les plus anciennes du globe, telles que le granite, le micachiste, les porphyres, etc., qui renferment toutes plus ou moins d'alcali, un des principes indispensables à la végétation. Les sols subséquents l'ont été aux dépens des roches de sédiment ou d'origine aqueuse, composées en grande partie de calcaire et renfermant des débris des premiers êtres organisés formés.

Ces roches, en se décomposant sous les influences atmosphériques, c'est-à-dire par les actions combinées de l'eau, de l'air et de la chaleur, produisent, les premières, des galets, du sable, de l'argile et divers composés; les secondes, des débris de ces parties et du calcaire en fragments plus ou moins gros; les eaux qui sillonnent les sols secondaires tiennent du calcaire en dissolution au moyen de l'acide carbonique fourni par l'air ou les matières organiques en décomposition. Voici comment s'opèrent ces décompositions : l'eau s'infiltre d'abord dans ces roches par l'intermédiaire des fissures; en se congelant, elle augmente de volume, dilate les parties, et finit à la longue par faire éclater les masses, dont les débris, emportés par les cours d'eau, forment, sur leurs bords et à leurs embouchures, des alluvions ou des atterrissements qui ne tardent pas à se couvrir de végétation. Indépendamment de cette décomposition mécanique, le feldspath, l'amphibole, le mica, le protoxyde de fer, principes constituants de ces roches, en éprouvent une autre due à la réaction des agents météoriques sur ces substances.

Le feldspath et le mica deviennent terreux, friables; le premier se change en une matière argileuse appelée kaolin.

L'amphibole et le pyroxène éprouvent une altération du même genre par la suroxydation du fer.

Les calcaires, roches peu dures, sont facilement attaqués par des causes mécaniques et sont dissous par les eaux chargées d'acide carbonique.

Dans les temps primitifs il a dû se produire les mêmes phénomènes que nous observons aujourd'hui, lorsque la végétation commence à se développer dans des dépôts formés de cailloux, de sable et d'argile; on voit apparaître d'abord des plantes qui prennent peu au sol, beaucoup à l'atmosphère et qui n'exigent que des points d'appui pour se développer. Sous les basses latitudes ce sont des Cactus, des Aloès, des Fougères en arbre, etc.; dans les pays tempérés, des Lichens, des Mousses, des Graminées, etc., dont les débris, s'accumulant d'année en année, finissent par former un sol cultivable.

Les terrains envahis par la végétation renferment comme principes constituants, indépendamment des matières organiques, de la silice, de l'alumine (base de l'argile), de la chaux (base du calcaire), de la potasse ou de la soude, des oxydes de fer et de manganèse, de l'acide sulfurique, de l'acide phosphorique, du chlore, de l'acide carbonique. Tous ces éléments combinés entre eux forment des sulfates, des phosphates, des chlorures, des carbonates, des silicates, qu'on retrouve dans les cendres des végétaux et qui influent sur la vie végétale par leurs propriétés physiques et chimiques.

Une terre propre à la végétation doit être assez meuble pour que les racines puissent y pénétrer et s'y étendre, que l'eau s'y infiltre sans y séjourner, et que l'air puisse y entrer, s'y renouveler facilement, sans toutefois dessécher le sol. Toutes ces conditions sont remplies lorsque le sable, l'argile et le calcaire sont dans des proportions convenables. Avant de faire connaître ces proportions, j'exposerai les propriétés physiques et chimiques des principes constitutifs des sols.

Silice. Cette substance, qui se comporte comme un acide

dans ses combinaisons avec les bases et les oxydes métalliques, se montre en fragments ou en grains plus ou moins gros sous forme de cailloux ou de sable ; en poudre blanche très-fine quand elle cesse de faire partie d'une combinaison : elle est alors soluble dans les acides, les alcalis, et même dans l'eau. C'est par l'intermédiaire de ce dernier agent qu'elle pénètre dans les plantes. On la trouve encore combinée avec diverses bases ; ses propriétés physiques varient avec la grosseur des grains. En général, cette substance rend le sol plus meuble et facilite le filtrage des eaux ; à l'état de poudre très-fine, lorsque le sol est humide, elle acquiert jusqu'à un certain point la ténacité de l'argile.

Si la proportion de silice est trop considérable, les vents violents la déplacent dans les temps de sécheresse, et les racines des jeunes plants se trouvent déchaussées, comme on le remarque dans nos départements méridionaux ; il arrive encore que, les eaux entraînant dans les parties inférieures les matières solubles, il y a nécessité de renouveler fréquemment les engrais.

Un sable quartzeux très-fin peut servir à la végétation quand le sous-sol est peu perméable et que le climat est humide.

La silice, à l'instant où elle cesse de faire partie d'une combinaison, se trouvant à l'état naissant, devient soluble dans l'eau, comme je viens de le dire ; elle est transportée par elle dans certaines plantes telles que les Graminées, qui doivent en renfermer d'autant plus qu'elles sont plus âgées.

Alumine. Cette terre existe ordinairement dans les sols à l'état de combinaison avec la silice, dans la proportion de 52 de silice, 33 d'alumine et 15 d'eau ; elle constitue alors l'argile qui jouit de propriétés physiques diamétralement opposées à celles de la silice. Elle forme une pâte liante avec l'eau, se durcit par la sécheresse et devient alors très-difficile à travailler. Un terrain entièrement argileux est impropre à toute culture.

L'argile s'empare des sels ammoniacaux, qu'elle conserve pour les présenter en temps opportun aux plantes. Cette propriété est mise en évidence en humectant une terre argileuse avec une solution alcaline; il se dégage aussitôt de l'ammoniaque sensible à l'odorat.

Les terres argileuses épuisées depuis longtemps sont à peu près stériles, lorsqu'on les fume pour la première fois; il leur faut un certain temps pour s'emparer des principes ammoniacaux en quantité suffisante pour fournir à l'alimentation des plantes.

L'argile, pouvant retenir jusqu'à 70 pour cent d'eau, doit s'opposer fortement au filtrage; aussi les terres argileuses n'agissent-elles favorablement que dans les temps secs, puisqu'elles fournissent alors aux plantes l'eau dont elles ont besoin.

Calcaire (*carbonate de chaux*). Cette substance est quelquefois si abondante, qu'elle constitue presque à elle seule certains sols. Elle agit comme amendement dans les sols argileux ou siliceux, et comme stimulant en intervenant directement sur la végétation avec les engrais organiques.

Il existe une différence marquée entre les terrains calcaires, les terrains siliceux et les terrains argileux, sous le rapport des plantes qui peuvent y être cultivées. Les terrains calcaires sont favorables à la culture des Graminées et de certaines Légumineuses.

Une addition de 1 à 2 centièmes de calcaire aux terres argileuses les rend propres à la culture du Froment et des plantes fourragères. Cette addition donne de la consistance aux terres siliceuses, rend plus meubles les terres argileuses en favorisant la filtration des eaux. Les agriculteurs ne considèrent pas tous l'action du calcaire, associé à l'argile ou au sable en petite proportion, comme purement mécanique. Nous reprendrons cette question en traitant de la marne, du gypse et du phosphate de chaux comme amendements.

Oxyde de fer. Cette substance en trop grande proportion, surtout dans les terrains siliceux, augmente leur pouvoir absorbant pour la chaleur, les dessèche promptement et les frappe par conséquent de stérilité. Suivant M. de Gasparin, le Seigle dans cette nature de terrain épie difficilement dans les pays méridionaux, tandis que dans le Nord il réussit très-bien.

Les oxydes de fer jouissent de la propriété d'absorber l'ammoniaque, soit en fixant préalablement l'azote de l'air, soit en s'emparant des composés ammoniacaux qui s'y trouvent. Ils se comportent donc à cet égard comme les argiles, qui ne doivent peut-être cette propriété absorbante qu'à l'oxyde de fer qu'elles renferment.

Magnésite (*carbonate de magnésie*). Cette substance jouit des mêmes propriétés chimiques que le calcaire. Comme lui, elle se dissout dans l'eau chargée de gaz acide carbonique; étant plus avide d'eau, elle rend les terres plus fraîches, plus légères, et par conséquent plus accessibles aux influences atmosphériques. On a avancé, et plusieurs agriculteurs l'ont constaté, en particulier M. de Gasparin, que la magnésite est au nombre des principes constituants des terres les plus fertiles.

Des éléments organiques.

Ces éléments, mélangés en diverses proportions avec des matières inorganiques, constituent le terreau ou *humus*, substance brune ou noirâtre qui exerce la plus grande influence sur la végétation.

Quand les plantes se décomposent sous l'influence des agents atmosphériques, il se forme divers composés, avant d'être amenées à l'état de terreau, qui n'est pas encore le dernier degré d'altération. Le terreau effectivement perd peu à peu de son carbone, qui se change en acide carbonique, puis une grande partie de son oxygène et de son hydrogène, et il arrive un terme où le terreau ne renferme presque plus que du carbone insoluble. Pendant cette décomposition, il se produit non-seulement de l'acide carbonique, mais diverses substances solubles dans l'eau et que l'on confond sous le nom générique *extrait de terreau.*

M. T. de Saussure a trouvé dans l'extrait de terreau de Meudon : du sucre de raisin, de la dextrine, une matière azotée, des nitrates de potasse et d'ammoniaque, des chlorures de calcium et de potassium. Les cendres ont donné du phosphate de chaux et des oxydes métalliques.

La nature du terreau varie non-seulement avec celle des plantes, mais encore avec les époques de la décomposition. Avant de l'employer, il faut donc commencer par s'assurer s'il est ancien ou de nouvelle formation.

Le terreau se dissout dans une solution de potasse. En traitant à chaud et évaporant, on obtient un composé coloré en brun, formé de plusieurs sels à base de potasse et à acides organiques bruns.

L'humus fournit aux plantes, par l'intermédiaire des

composés ammoniacaux de l'azote, du gaz acide carbonique résultant de la décomposition de la matière carbonacée. Cet acide se dissout dans l'eau et s'introduit ainsi dans les plantes. Une partie de cet acide peut attaquer les silicates et entraîner les bases à l'état de carbonates, dans les tissus des végétaux : d'un autre côté, les silicates alcalins dissous dans l'eau sont également absorbés et vont déposer la silice dans des tissus spéciaux ; tandis que la potasse s'unit à des acides organiques.

Le terreau intervient d'une manière efficace en entourant constamment les racines d'une atmosphère de gaz acide carbonique. Il agit aussi puissamment à la manière des corps poreux, comme les matières ligneuses et charbonneuses qui absorbent et condensent les gaz ; il les présente ensuite aux plantes, aux différentes époques de l'année, au fur et à mesure de leurs besoins.

Quant aux matières charbonneuses, privées de sels, gaz et substances organiques, elles sont sans effet sur la végétation. Ces matières n'agissent qu'en condensant les gaz de l'atmosphère, colorant les terres blanchâtres et leur donnant ainsi un pouvoir absorbant plus grand pour la chaleur, et surtout en retardant la putréfaction des matières organiques azotées.

Le terreau est nuisible aux plantes lorsqu'il dépasse certaines proportions, car alors les acides divers qu'il renferme se trouvent en trop grand excès. On a reconnu que, lorsque le sol en renferme un quart, il a peu de fertilité. On a constaté encore que, dans les terres les plus fertiles, il ne fallait pas au delà de 5 à 8 centièmes de terreau. Il existe bien des terres très-fertiles qui ne renferment pas sensiblement de terreau, comme celles des environs de Lille en sont un exemple ; mais dans ce cas il faut avoir recours, pour les rendre productives, à des engrais abondants et annuels.

Le dépôt superficiel qui recouvre les terrains longtemps plantés en bois, est également un terreau, mais qui se trouve dans un état peu avancé de décomposition, attendu qu'il est moins exposé à l'action de la lumière et des agents atmosphériques. Pour l'utiliser quand il est très-abondant, il est indispensable de l'enterrer profondément pour le soustraire à la décomposition, sans quoi il se formerait une grande quantité de gaz acide carbonique nuisible à la végétation, et différents acides bruns qu'on sature et dont on détruit les mauvais effets par l'addition de la chaux ou des déjections animales.

Le terreau étant indispensable dans une terre en culture, il faut aviser aux moyens de lui en fournir constamment une quantité convenable. M. de Gasparin (*Cours d'agriculture*, t. I, p. 114) dit à ce sujet : Une bonne culture tend à entretenir la provision de terreau du sol par les racines et les portions de tiges qui y sont enterrées; par la restitution sous forme d'engrais des matières enlevées par les plantes qui y croissent, et par des assolements bien dirigés.

M. de Gasparin distingue trois espèces de terreau : 1° terreau doux, 2° terreau à tannin (terre de bruyère, de bois), 3° terreau formé sous l'eau (tourbe).

Terreau doux. On désigne ainsi celui qui est formé par les détritus de plantes telles que les Gramens, etc., et qui n'est pas acide.

Terreau à tannin. Ce terreau est formé par les végétaux qui renferment du tannin et dont la réaction est acide. Ce principe se trouve dans le Chêne, le Châtaignier, le Saule, les Bruyères, les Fougères, etc. Aussi tous ces végétaux en se décomposant produisent-ils un terreau renfermant du tannin, donnant la réaction acide et renfermant des quantités notables de fer.

Le principe acide qui se trouve dans cette espèce de terreau ne convient pas à certains végétaux, il faut alors le neutraliser avec de la chaux ou des engrais. On reconnaît la présence du tannin en faisant bouillir le terreau dans l'eau, filtrant et versant dans le liquide une solution de gélatine ; il se forme aussitôt un précipité blanc opaque.

Du terreau formé sous l'eau. On désigne ainsi celui qui se forme dans les terrains marécageux couverts d'une petite couche d'eau pendant une partie de l'année et qui se dessèchent l'été. Il se produit dans ces terrains une végétation spéciale dont les débris, avec le temps, constituent le terreau en question.

Le terreau tourbeux n'a point partout la même composition ; il contient de 82 à 93 pour cent de matières organiques, et de 17 à 7 de substances inorganiques. Cette composition varie avec les espèces de plantes qui lui ont donné naissance et diverses circonstances locales. La plupart de ces plantes, au lieu de sels à base alcaline, renferment des sels calcaires. Dans les fonds calcaires, la tourbe ne renferme pas d'acides. Souvent elle donne à l'analyse des acétates, des phosphates, et quelquefois les acides de ces sels à l'état libre et même du sulfure de fer.

D'après M. Reisch (*Journal de pharmacie*, 1824, p. 34), la tourbe contient du tannin et une matière azotée.

Les terrains tourbeux, avant d'être livrés à la culture, doivent être chaulés, marnés ou couverts d'engrais, afin de neutraliser les acides qu'ils renferment. L'Orge et l'Avoine y réussissent mieux que le Froment ; on y cultive le Trèfle avec succès. Ces terrains s'imbibant d'eau en hiver et se desséchant en été, on évite le premier inconvénient en sillonnant le terrain de fossés profonds et rapprochés, et le second, en recouvrant le sol de Roseaux quand on peut s'en procurer dans les environs.

Tout le monde connaît la fertilité des terrains tourbeux des environs d'Amiens et de Paris, et leur riche culture maraîchère.

Les tourbes, dans le voisinage de la mer, renferment du sel marin.

§ 2. DES PROCÉDÉS D'ANALYSE POUR TROUVER LA COMPOSITION DES TERRES ARABLES.

Une terre arable se compose principalement de sable, d'argile, de calcaire, de terreau ou d'humus, et de sels alcalins et terreux, en petites quantités à la vérité, mais dont la présence est indispensable au développement des végétaux. Les propriétés de cette espèce de terre dépendent, non-seulement de la nature et de la proportion de ses parties constituantes, mais encore de leur mode d'agrégation, de l'exposition et du climat. Il faut donc commencer par procéder à l'analyse de la terre pour connaître sa composition, après quoi on détermine les propriétés physiques qui dépendent du mode d'agrégation des parties constituantes. Les procédés d'analyse doivent être simples, afin d'être mis facilement en pratique par les agriculteurs peu habitués aux manipulations chimiques, et qui n'ont besoin de connaître que les éléments qui exercent le plus d'influence sur la végétation.

Une terre végétale renfermant des matières organiques et des matières inorganiques, son analyse se divise en quatre parties :

1° Détermination de la quantité de matières combustibles qu'elle renferme ;

2° Dosage de l'azote, un des principes constituants des composés ammoniacaux qui forment la partie la plus importante des engrais ;

3° Détermination des matières solubles dans l'eau;

4° Détermination des matières insolubles.

On commence par faire dessécher 20 à 30 grammes de terre dans un creuset d'argent ou une capsule de porcelaine, au point de la rendre friable, afin d'avoir un terme de comparaison pour toutes les analyses; la dessiccation se fait au bain d'huile, que l'on maintient à une température à peu près constante de 150° à 160°, au moyen d'une lampe, ce dont on s'assure en consultant de temps à autre un thermomètre plongé dans le bain. On évite de trop chauffer, dans la crainte de détruire les matières organiques ; il faut avoir soin de ne pas laisser une petite quantité d'eau, laquelle deviendrait une cause d'erreur dans les pesées subséquentes. La dessiccation achevée, on procède à l'analyse comme il suit:

On enlève les parties les plus grosses si elles ne sont pas nombreuses, vu qu'elles ne peuvent être considérées comme des parties essentielles du sol, et l'on passe ensuite la terre dans des tamis à mailles de diverses grosseurs, afin de la séparer des débris organiques, tels que racines, fragments de paille, etc., et des fragments plus ou moins gros des matières qui constituent le sol. On détermine le poids de l'humus en calcinant au rouge dans un creuset de platine un poids donné de la terre desséchée, ayant le soin d'agiter la matière avec un tube de verre pour faciliter la combustion. La différence entre le poids primitif et le poids après la calcination donne la quantité de matière qui a disparu pendant la calcination, après s'être mis en garde toutefois contre la petite quantité d'eau appartenant à l'argile et qui ne peut jamais être enlevée par la dessiccation, à la température où l'on chauffe.

On évalue ensuite les quantités de matières combustibles et d'azote renfermées dans l'humus. Pour connaître les premières, on fond la terre avec dix fois son poids de litharge ; celle-ci cède de son oxygène à ces matières, et on juge du poids de ces dernières par celui du plomb réduit. Je suppose qu'on obtienne $0^{gr.},5$ de plomb, les matières organiques équivaudront à $0^{gr.},03$ de charbon, attendu que $0^{gr.},03$ de charbon, mêlés à de la litharge fondue, donnent $0^{gr.},5$ de plomb.

Des matières azotées. Toute matière azotée, chauffée en vase clos, produit un composé ammoniacal. On démontre l'existence de ce produit avec un papier à réactif, ou en ajoutant de la chaux qui rend libre aussitôt l'ammoniaque. Les Pois et les Haricots donnent immédiatement la réaction alcaline. Il peut se faire que la substance, comme le Riz en est un exemple, donne la réaction acide; mais, en ajoutant de la chaux, l'ammoniaque se dégage immédiatement.

Toutes les graines, d'après MM. Gay-Lussac et Payen, donnent à la distillation, directement ou indirectement, de l'ammoniaque. M. Payen a démontré, en outre, que, pendant la germination, et durant tout le cours de la végétation, la matière azotée se porte de préférence ou plus abondamment sur les parties les plus récemment organisées.

Si l'on veut découvrir la présence de l'azote dans une terre, autrement que par la présence de l'ammoniaque, on introduit, comme le conseille M. Boussingault, dans un tube de verre fermé par un bout, un très-petit morceau de potassium avec une petite quantité de terre, et l'on chauffe jusqu'au rouge naissant à la flamme d'une lampe à alcool. Les matières organiques se carbonisent, et le potassium se volatilise en les traversant. On coupe le tube aussitôt après le refroidissement, le plus près possible du bout fermé, et l'on projette la matière d'essai dans une capsule de verre ou de porcelaine renfermant quelques gouttes d'eau. On y ajoute un peu d'une solution de protosulfate de fer, puis une goutte d'acide chlorhydrique, si la matière d'essai contient un composé azoté, la couleur bleue qui se manifeste indique la présence du cyanure de potassium, qui est produit par les actions combinées de la chaleur et du potassium sur la matière azotée.

Si l'on veut doser l'azote, on suit la méthode en usage, qui consiste à brûler la substance en présence du bioxyde de cuivre et à recueillir les produits ; à cet effet, on prend un tube en verre de 0m·,90 de longueur environ et de 0m·,015 de diamètre ;

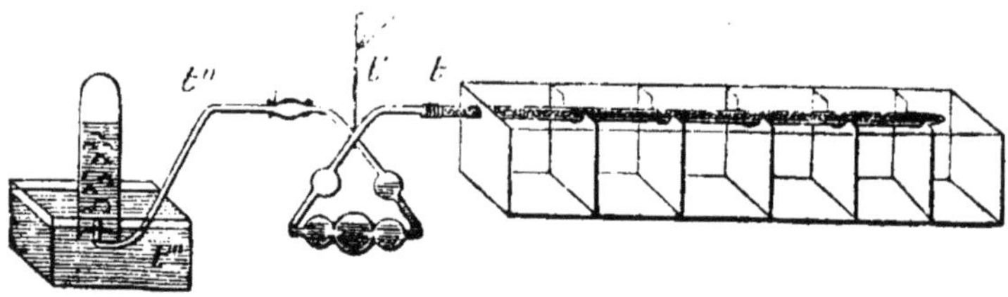

on le ferme à l'un des bouts en l'étirant en pointe : on introduit dedans du bicarbonate de soude, sur une longueur de 0m·,12, et ensuite autant de bioxyde de cuivre. On met au-dessus un mélange de 10 grammes de la terre d'essai et du même bioxyde, de manière à occuper une longueur de 0m·,12; le tout est recouvert d'abord, sur une longueur de 0m·,25 avec du bioxyde, puis avec du cuivre plané bien décapé, et occupant le même volume. Le tube est enveloppé d'une lame de cuivre, afin de l'empêcher de se courber, quand le verre commence à se ramollir par l'action de la chaleur.

Le bioxyde de cuivre qui sert à l'opération doit être pur et sec ; on le prépare par la calcination du nitrate de cuivre. Quant aux planures de cuivre, on doit les chauffer pour enlever les matières étrangères et les dessécher.

La matière doit être préalablement desséchée avec soin dans le vide pneumatique, où se trouve du chlorure de calcium et non de l'acide sulfurique, qui s'emparerait rapidement des matières ammoniacales qu'elle renferme.

Le tube est fermé avec un bouchon entrant avec force et percé d'un trou servant à introduire avec frottement un tube de verre, en communication, par le bout tt' avec l'appareil à boules de Liebig, qui renferme une solution de potasse caustique. L'extrémité opposée est aussi un tube recourbé $t''t'''$, dont le bout t''' vient déboucher dans une cuve à eau, sous une cloche destinée à recevoir les gaz dégagés. Si l'on voulait opérer avec plus d'exactitude, on prendrait une cuve à mercure. Les diverses jointures de l'appareil sont recouvertes avec du caoutchouc, fixé sur les parois avec des ligatures. Dans la crainte de perdre de l'azote, il vaux mieux supprimer l'appareil à boules et mettre directement t'' en communication avec t. On reçoit le gaz sur le mercure, en introduisant dans l'éprouvette un peu d'eau et de potasse pour absorber l'acide carbonique.

Le tube est placé sur un fourneau en tôle un peu long, et on met d'abord des charbons ardents autour de la partie du tube dans laquelle se trouve le bicarbonate de soude. Il ne tarde pas à se dégager du gaz acide carbonique qui chasse l'air contenu dans le tube et dans la matière. Dès l'instant qu'il n'arrive plus d'air dans la cloche, on substitue à celle-ci une autre cloche graduée, après quoi on porte les charbons vers la partie antérieure du tube, près du bouchon, en allant successivement vers le bout fermé, tout en maintenant au rouge la partie où se trouve le cuivre métallique. On chauffe le reste du tube tant qu'il passe du gaz. Quand le dégagement a cessé, on ne chauffe plus la partie qui contient les oxydes de cuivre, et l'on recommence à chauffer faiblement celle où se trouve le bicarbonate de soude. Quand la partie opposée du tube est refroidie, on enlève le bouchon, et l'opération est terminée.

Dans cette opération, la potasse est destinée à s'emparer de l'acide carbonique devenu libre, et de l'eau résultant de la réaction de l'hydrogène de la matière d'essai sur l'oxygène du bioxyde de cuivre, qui est réduit; mais comme les composés azotés qu'elle contient se changent en oxyde d'azote, il est nécessaire que ce gaz passe sur du cuivre métallique lequel le décompose en oxygène, qui se combine avec le cuivre, et en azote qui se dégage; sans la présence du cuivre, le gaz oxyde d'azote se rendrait dans la cloche graduée et causerait des erreurs.

On voit, par ce qui précède, que l'azote est le seul gaz qui se rende dans la cloche; son volume est donné immédiatement au moyen de l'échelle de graduation gravée sur la paroi. On prend avec un thermomètre la température de la cuve à eau et la hauteur du baromètre, en négligeant la tension de la vapeur, afin de pouvoir ramener le volume du gaz à 0° de température et à 0,76 de pression au moyen de la formule

$$v = \frac{V \times 273}{273 + t}.$$

Dans cette formule, v représente le volume réduit, V le volume observé, t la température de la cuve. Je suppose que l'on ait recueilli 500 centimètres cubes de gaz azote, à + 20°, on aura :

$$v = \frac{500 \times 273}{273 + 20} = 465,8.$$

Pour ramener le volume à la pression 0,76, on s'appuie sur ce principe que les volumes des gaz sont en raison inverse des pressions qu'ils supportent; dès lors on pose la proportion suivante, en représentant la pression observée par p:

$$p : 0^{m},76 :: V' : v;$$

d'où l'on déduit

$$V' = \frac{v \times p}{0,76}.$$

Si la hauteur de la colonne barométrique est égale à 0,73, par exemple, on en déduira

$$V' = \frac{465,8 \times 0,73}{0,76} = 448,7.$$

V' est le volume de l'azote ramené à zéro de température et 0,76 de pression.

Deux autres méthodes sont employées pour le dosage de l'azote. La première est due à M. Dupasquier, la seconde à M. Péligot.

La première permet de supprimer l'appareil à boules de M. Liebig, tout en conservant le tube préparé comme il a été dit. On chauffe également en commençant la partie qui renferme le bicarbonate de soude, et l'on reçoit le mélange d'acide carbonique et d'air dans une cloche. On arrête quand on a recueilli environ un litre de gaz. L'air atmosphérique étant chassé, on chauffe comme ci-dessus la partie antérieure du tube, et l'on reçoit les gaz dégagés dans une cloche suffisamment grande. Ces gaz sont composés d'azote, d'oxyde d'azote et de gaz acide carbonique; on les sépare comme il suit : on les fait passer dans une éprouvette graduée, dont le bout inférieur est usé à l'émeri, afin de pouvoir pénétrer dans une capsule ou obturateur en verre, de manière à s'y adapter parfaitement.

On met un morceau de potasse caustique dans l'obturateur que l'on adapte à l'éprouvette, et l'on agite pendant deux ou trois minutes pour enlever l'acide carbonique qui se combine avec la potasse. On plonge dans l'eau l'extrémité de l'éprouvette, on enlève l'obturateur et l'on note le point où s'arrête le niveau de l'eau ; on en déduit le volume du gaz, qui est un mélange d'oxyde d'azote et d'azote. Il s'agit actuellement d'enlever l'oxygène à l'oxyde d'azote. A cet effet, on introduit dans l'obturateur 2 grammes de potasse caustique et 5 grammes d'hydrate de protoxyde de fer, qui est très-avide d'oxygène ; on plonge l'obturateur dans l'eau pour dégager la bulle d'air, et on le fixe à l'éprouvette. On retire l'appareil de l'eau, et on l'agite horizontalement pendant une demi-heure pour opérer la décomposition de l'oxyde d'azote. On replonge l'éprouvette dans l'eau ; on enlève l'obturateur, et on lit la division où s'arrête le niveau de l'eau, afin d'avoir le volume de l'azote.

La méthode de M. Péligot est une modification de celle de MM. Will et Varrentrap. Elle consiste à opérer la combustion de la matière azotée avec un mélange de chaux et de soude ; l'ammoniaque résultant de cette combustion se condense dans le tube de l'appareil à boules, lequel tube contient un poids déterminé d'acide sulfurique titré. Le titre de cet acide s'abaissant par suite de la combinaison de l'ammoniaque avec une certaine quantité d'acide, il devient facile, quand la combustion est achevée et que l'on a déterminé la composition de la liqueur, de connaître la quantité d'ammoniaque condensée, et par suite la quantité d'azote fournie par la matière soumise à l'expérience. Pour analyser rapidement la liqueur acide, on fait usage d'une dissolution alcaline également titrée; c'est une dissolution de chaux dans l'eau sucrée, cette dernière dissolvant une plus grande quantité de chaux que l'eau pure. La liqueur est conservée dans un flacon bouché à l'abri du contact de l'acide carbonique, qui transformerait peu à peu la chaux en carbonate. On expérimente du reste comme il suit:

La matière azotée est mélangée comme à l'ordinaire avec de la chaux et de la soude, et le tout est introduit dans le tube à combustion, formé d'un tube peu fusible, ayant 60 à 70 centimètres de longueur, et auquel on adapte l'appareil condenseur, au moyen d'un bouchon de caoutchouc. On introduit dans l'appareil condenseur 10 centimètres cubes d'acide sulfurique titré, formé de 61gr.,250 d'acide bouilli (SO^3,HO) par litre d'eau. 100 centimètres de cette liqueur correspondent à 2gr.,12 d'ammoniaque ou à 1gr.,75 d'azote.

Quand la combustion est achevée, ce dont on s'aperçoit à la couleur de la matière, qui devient blanche, et à ce qu'il n'y a plus de dégagement de gaz, on verse l'acide titré, qui a condensé l'ammoniaque, dans un verre à pied, en ayant le soin de laver l'appareil qui le contenait avec de l'eau que l'on réunit à l'acide. On étend le tout de beaucoup d'eau, et on colore la liqueur en rouge avec quelques gouttes de teinture de tournesol. On sature ensuite cette liqueur avec la dissolution de saccharate de chaux contenue dans une burette graduée en centimètres cubes et en dixièmes de centimètre cube. On verse à cet effet, goutte à goutte, de la dissolution jusqu'à ce que la coloration en rouge tourne au bleu, réaction qui annonce que la saturation est opérée. On lit le nombre de divisions indiquant le volume de la dissolution de saccharate qui a été employé pour obtenir la saturation. Or, comme on détermine préalablement la quantité de saccharate de chaux nécessaire pour saturer 10 centimètres cubes du même acide titré, si l'on soustrait de cette quantité celle que l'on a trouvée pour l'acide, dans lequel fut condensée l'ammoniaque, on obtient le volume de la dissolution acide qui a été saturée par cette ammoniaque, et par conséquent le poids de l'azote contenu dans la matière d'essai.

Voici un exemple cité par M. Péligot. On a brûlé 0gr.,417 d'oxamide. 10 centimètres cubes d'acide sulfurique titré normal saturent 33,5 divisions de la burette contenant la dissolution alcaline de saccharate de chaux.

10 centimètres cubes du même acide ne saturent plus, après la combustion, que 8,5 divisions de cette même liqueur alcaline.

En retranchant de 33,5 divisions 8,5, on a 25 divisions de liqueur alcaline qui représentent la quantité d'acide saturé par l'ammoniaque provenant de la matière analysée; cette quantité qu'on trouve par une proportion est de 7c.,46.

Or, comme 10 centimètres cubes d'acide titré correspondent à 0gr.,175 d'azote, 7cc.,46 du même acide correspondent à 0gr.,130 d'azote contenu dans 0,417 d'oxamide. On trouve, par conséquent, que 100 de cette matière contiennent 31,3 d'azote; le calcul donne 31,7.

Matières solubles et insolubles. Après avoir déterminé le poids et la nature des matières organiques, on cherche les quantités de silice, d'alumine, de carbonate, de sulfate et de phosphate de chaux, et de carbonates alcalins renfermées dans la terre; mais on procède d'abord au lavage par lévigation, afin de séparer successivement les substances qui n'ont pas la même densité. On introduit à cet effet la terre dans un matras avec trois ou quatre fois son volume d'eau distillée chaude, et on agite fortement. On attend quelques instants, et on fait couler doucement la liqueur dans une capsule de porcelaine. On continue à laver ainsi jusqu'à ce que l'eau sorte claire. On est certain alors que l'argile est enlevée. On dépose le sable dans une capsule, et l'on filtre les eaux de lavage pour recueillir les matières légères tenues en suspension. On fait sécher, et on détache les matières, que l'on pèse. Le sable est également séché et pesé.

Les eaux de lavage réunies sont évaporées jusqu'à siccité pour recueillir les sels solubles, que l'on chauffe au rouge naissant dans une capsule de platine, au moyen d'une lampe à alcool, afin de brûler les matières organiques. En évaporant les eaux, on dégage le gaz acide carbonique qui tenait en solution les carbonates de chaux, de magnésie et de fer.

On traite le sable avec l'acide chlorhydrique, nitrique ou acétique, pour enlever le carbonate de chaux. On filtre, on lave, on fait sécher le filtre; on recueille le sable non attaqué, on le fait sécher, on le pèse, et en retranchant son poids de celui du sable avant le traitement par l'acide, on a le poids du carbonate.

Si on veut obtenir directement le carbonate de chaux, il faut le chercher avant le lavage, car s'il existait en parties très-ténues, cette opération l'entraînerait, et il se trouverait ainsi mêlé avec l'argile, contenant encore du sable dans un grand état de division, ainsi que les parties les plus légères de l'humus. A cet effet, on traite la terre par l'acide nitrique étendu, on filtre, on lave le résidu avec de l'eau distillée bouillante. On réunit les eaux de lavage, et on verse dedans de l'ammoniaque. S'il se forme un précipité, on le recueille sur un filtre; on lave, et on réunit toutes les eaux de lavage, puis l'on verse dedans de l'oxalate d'ammoniaque. S'il y a de la chaux, il se forme un dépôt d'oxalate de chaux au fond du vase dans l'espace de quelques heures. La liqueur devenue limpide, on filtre de nouveau pour recueillir l'oxalate. On calcine au rouge dans un creuset de platine le filtre et l'oxalate. On imbibe la matière, quand elle est refroidie, avec une solution de carbonate d'ammoniaque: on dessèche avec précaution, et on chauffe au rouge naissant. On pèse le tout, et on retranche du poids total celui du creuset; la différence donne le poids de carbonate de chaux.

Indépendamment du carbonate de chaux, il se trouve quelquefois dans la terre arable du carbonate de magnésie qui fait également effervescence avec les acides; pour en doser la quantité, on reprend la dissolution de laquelle on a enlevé l'oxalate de chaux. On fait évaporer dans une capsule de platine, et l'on calcine au rouge; le nitrate de magnésie et l'oxalate d'ammoniaque se décomposent. On traite par l'eau le résidu de la calcination, et on a la magnésie, que l'on calcine après l'avoir lavée.

Lorsque la terre contient du sulfate de chaux, pour l'enlever on opère comme il suit : on prend 100 grammes de cette terre calcinée préalablement dans un creuset de platine. On fait bouillir dans quatre ou cinq fois son poids d'eau distillée dans un vase de métal non oxydable, on agite, et on remplace l'eau au fur et à mesure qu'elle s'évapore; on lave la terre, on réunit toutes les eaux de lavage, on évapore jusqu'à ce qu'il ne reste plus que 1 à 2 décilitres de liqueur. On ajoute à la liqueur le même volume d'alcool pour précipiter tout le sulfate de chaux.

On filtre, on lave et on pèse.

Les méthodes que je viens d'exposer font connaître les quantités de silice, d'argile et de calcaire contenues dans la terre arable, et même le fer, car le précipité obtenu avec l'ammoniaque donne l'oxyde de fer, qu'on transforme en peroxyde après l'avoir lavé et calciné au rouge dans un creuset de platine. Si le précipité renferme de l'alumine, on le traite à chaud par une solution de potasse pour enlever cette terre. Si l'on veut avoir d'autres principes constituants, le phosphate de chaux, par exemple, on opère comme il suit, en suivant la méthode indiquée par M. Boussingault.

Après avoir calciné au rouge la terre et l'avoir pulvérisée en parties très-fines, on la fait bouillir pendant une heure dans trois ou quatre fois son poids d'acide nitrique ou d'acide chlorhydrique. On chasse la plus grande partie de l'excès d'acide, on étend d'eau et on filtre. Le résidu est composé de silice ou d'alumine qui n'a pas été dissoute par l'acide. On lave ce résidu, on réunit toutes les eaux de lavage, et on verse de l'ammoniaque dans la liqueur; le précipité peut être une des trois substances suivantes :

1° De l'acide phosphorique uni au peroxyde de fer et à la chaux;

2° Des oxydes de fer et de manganèse;

3° De la silice.

Pour déterminer la nature du précipité, on jette le précipité sur un filtre, on lave, on dessèche, on calcine au rouge blanc dans un creuset de platine, et on pèse. On l'introduit dans un petit matras, on le traite par l'acide chlorhydrique chaud, et on évalue en poids la silice non dissoute. On ajoute à la solution acide trois fois environ son volume d'alcool, on agite et on verse dedans goutte à goutte de l'acide sulfurique, jusqu'à ce qu'il ne se forme plus de précipité ; ce précipité est du sulfate de chaux. On filtre, et on lave avec de l'alcool un peu étendu, on calcine et on pèse ; le poids du sulfate de chaux donne celui de la chaux contenue dans le précipité formé par l'ammoniaque ; 100 parties de sulfate contiennent 41,5 de chaux.

On concentre la liqueur pour chasser l'alcool, et on sature l'excès d'acide par de l'ammoniaque jusqu'à commencement d'un léger précipité. On verse ensuite quelques gouttes d'hydrosulfate d'ammoniaque, pour enlever le fer et le manganèse à l'état de sulfure. On laisse le tout en repos pendant huit ou dix heures, afin de changer les sulfures de fer et de manganèse en oxydes. Au surplus, ces sulfures sont lavés, séchés et transformés complétement en oxydes par la calcination dans un creuset de platine.

Dans le cas où le premier précipité ammoniacal ne renferme pas d'acide phosphorique, on retrouve son poids en réunissant celui de la chaux au poids des oxydes obtenus par la calcination. S'il y a une perte, elle est due à l'acide phosphorique qui s'est combiné avec l'ammoniaque. On s'en assure en évaporant à siccité la liqueur et chauffant fortement le résidu dans une capsule de platine. Après la volatilisation et la décomposition des sels ammoniacaux, il reste de l'acide phosphorique aqueux.

M. Berthier, pour trouver l'acide phosphorique, emploie la forte affinité de cet acide pour le peroxyde de fer et l'insolubilité du phosphate de peroxyde dans l'acide acétique étendu. Supposons une liqueur renfermant de l'acide phosphorique, de la chaux, du peroxyde de fer, de la magnésie et de l'alumine ; en versant dedans de l'ammoniaque, on a un précipité contenant la totalité de l'acide phosphorique, combiné avec le peroxyde de fer, s'il est en quantité suffisante pour le saturer; pour être certain que cette condition est remplie, on introduit une certaine quantité de cette substance. Le précipité contient en outre plusieurs phosphates, avec de l'alumine et de l'oxyde de fer. Ce précipité, recueilli et lavé, est traité par l'acide acétique étendu, qui dissout la chaux, la magnésie, les oxydes de fer et l'alumine en excès. Il reste du phosphate de peroxyde de fer et du phosphate d'alumine. On en conclura, sans commettre une grave erreur, que 100 parties de résidu calciné représentent 50 d'acide phosphorique.

Les méthodes que je viens de décrire suffisent à l'agriculteur qui a des notions de chimie pour connaître la composition d'une terre; mais s'il veut en déterminer tous les éléments avec exactitude, il doit en faire l'analyse en la fondant avec quatre ou cinq fois son poids de potasse, dissolvant dans l'eau et séparant tous les éléments par les procédés connus.

On ne doit pas se borner, je le répète, à déterminer les proportions des parties constituantes des terres; il faut encore trouver leur mode d'agrégation, qui exerce une grande influence sur leurs propriétés physiques, comme on le verra dans le chapitre suivant; il y a donc deux analyses à faire, si je puis m'exprimer ainsi : analyse physique, analyse chimique. Aussi a-t-on fait cette distinction dans quelques-unes des analyses dont je rapporterai plus loin les résultats.

Dans le but de faciliter aux expérimentateurs les moyens de discuter des analyses des terres et des cendres des végétaux, je joins ici un tableau renfermant les poids atomiques, d'après Berzélius, des substances simples et composées que renferment ordinairement les terres et les cendres.

NOMS des SUBSTANCES.	POIDS DE L'ATOME.		CONTIENT POUR 100	
	O=100	H=1	Base.	Acide.
Corps simples.				
Aluminium	171,17	13,72		
Azote	88,52	7,09		
Calcium	256,02	20,52		
Carbone	76,44	6,13		
Chlore	221,33	17,74		
Fer	339,21	27,18		
Hydrogène	6,2398	0,50		
Magnésium	158,35	12,69		
Manganèse	345,89	27,72		
Oxygène	100,00	8,01		
Phosphore	196,14	15,72		
Potassium	489,92	39,26		
Silicium	277,31	22,22		
Sodium	290,90	23,31		
Soufre	201,17	16,12		
Acides.				
Carbonique	276,44	22,15	27,65	72,35
Nitrique	677,04	54,25	26,15	73,85
Phosphorique	892,28	71,50	43,96	56,04
Silicique (silice)	577,31	46,26	48,04	51,96
Sulfurique	501,16	40,16	60,14	59,86
Alcalis et oxydes.				
Alumine	642,37	51,47	53,30	46,70
Ammoniaque	107,24	8,59	82,54	17,46
Chaux	356,02	28,53	71,91	28,09
Fer (peroxyde)	978,41	78,40	69,34	30,66
Fer (protoxyde)	439,21	35,19	77,23	22,77
Magnésie	258,35	20,70	65,29	38,71
Potasse	589,92	47,27	83,05	16,95
Soude	390,90	31,32	74,42	25,58
Eau	112,48	9,01	11,09	88,91
Sels.				
Carbonate d'ammoniaque	490,91	39,34	43,69	56,31
— de chaux	632,46	50,68	56,29	43,71
— de magnésie	534,79	42,85	48,31	51,69
— de potasse	866,35	69,42	68,09	31,91
— de soude	667,34	53,47	58,58	41,42
Chlorhydrate d'ammoniaq.	669,61	53,56	33,89	66,11
Chlorure de calcium	698,67	55,98	36,64	63,36
— de magnésium	601,00	48,16	26,35	73,65
— de manganèse	2019,73	161,84	34,25	65,76
— de potassium	932,57	74,73	52,53	47,67
— de sodium	733	58,78	39,66	60,34

NOMS des Substances.	POIDS DE L'ATOME.		CONTIENT POUR CENT.		EAU.
	O=100.	H=1.	Base.	Acide.	
Phosphate d'ammoniaque.	1219,24	97,70	26,82	73,18	
— de chaux........	1604,32	128,56	44,38	55,62	
— de chaux (des os).					
— de magnésium ...	5525,01	442,72	51,55	48,45	
— de potasse.......	2072,12	166,04	56,94	43,06	
— de soude........	1674,08	134,15	46,70	53,30	
Sulfate d'ammoniaque....	828,12	66,36	39,48	60,52	
— *Id.* cristallisé.....	940,60	75,67	34,76	53,28	11,96
— de chaux.........	857,18	68,69	41,53	58,47	
— *Id.* cristallisé.....	1082,14	86,71	32,90	46,31	
— de magnésie	759,52	60,86	34,02	65,98	
— *Id.* cristallisé.....	1546,87	123,95	16,70	32,40	50,70
— de potasse	1091,08	87,43	54,07	45,97	
— de soude	892,06	71,48	43,82	56,18	
— cristallisé.........	2016,86	163,48	19,38	24,85	55,77

§ 3. DES PROPRIÉTÉS PHYSIQUES DES TERRES ARABLES.

Les considérations générales sur la vie végétale, exposées au commencement de cet ouvrage, montrent la nécessité d'étudier avec soin les propriétés physiques des terres, qui exercent une grande influence sur la végétation.

On distingue dans les terres huit principales propriétés physiques :

1° La pesanteur spécifique ;

2° L'imbibition ;

3° La consistance ;

4° L'aptitude à la dessiccation ;

5° Le pouvoir hygroscopique ;

6° L'absorption de l'oxygène de l'air ;

7° La faculté conductrice pour la chaleur;

8° L'échauffement par la chaleur solaire.

Ces propriétés ont été étudiées par M. Schübler sur plusieurs espèces de terres dont on trouvera plus loin l'analyse. Elles dépendent en grande partie du mode d'agrégation des éléments constituants des sols; de là, nécessité de déterminer ce mode, c'est-à-dire le degré de grosseur ou de finesse des parties, comme on le fait aujourd'hui généralement à l'exemple de M. Berthier.

1° *De la pesanteur spécifique*. On désigne ainsi le rapport de la masse au volume. On l'obtient en comparant le poids de chaque terre à celui de l'eau distillée sous le même volume, à l'état sec ou humide.

RÉSULTAT D'EXPÉRIENCES SUR LA DENSITÉ DE DIVERSES TERRES.

DÉSIGNATION des TERRES.	PESANTEUR spécifique. — Celle de l'eau étant 1.	POIDS DU LITRE DE TERRE comprimée.	
		SÈCHE.	HUMIDE.
		kil.	kil.
Sable calcaire	2,822	2,085	2,605
Sable siliceux	2,753	2,044	2,494
Gypse	2,358	1,676	2,350
Argile maigre	2,701	1,799	2,786
Argile grasse	2,652	1,621	2,194
Argile pure	2,591	1,376	2,126
Terre calcaire fine.			
Carbonate de chaux	2,468	1,006	1,758
Humus	1,225	0,632	1,428
Terre de jardin	2,332	1,499	1,744
Terre arable d'Hoffwyll	2,401	1,337	2,180
Terre arable du Jura	2,526	1,731	2,126

Ces résultats démontrent : 1° que les sables calcaires et siliceux sont les plus denses des matières minérales composant la terre arable ; que l'argile pure est celle qui a la moindre densité ; que l'humus en a une qui est encore moindre. On peut donc, connaissant la densité d'un terrain, en conclure approximativement la nature des principaux éléments constituants.

2° *De l'imbibition.* Cette propriété est celle en vertu de laquelle les terres absorbent une quantité plus ou moins considérable d'eau. On l'évalue en pesant une terre desséchée à 40° ou 50°, jusqu'à ce qu'elle ne perde plus de poids par une dessiccation prolongée ; et on pèse de nouveau après lui avoir fait absorber toute la quantité d'eau qu'elle peut prendre. Le tableau suivant renferme les résultats obtenus avec les terres soumises précédemment à l'expérience.

DÉSIGNATION des TERRES.	EAU absorbée par 100 PARTIES de terre.	UN LITRE DE TERRE MOUILLÉE contient	
		EAU.	TERRE.
		kil.	kil.
Sable siliceux	25	0,499	1,995
Gypse hydraté	27	0,501	1,855
Sable calcaire	29	0,582	2,021
Argile maigre	40	0,682	1,654
Argile grasse	50	0,730	1,464
Argile pure	70	0,875	1,251
Terre calcaire fine	85	0,808	0,950
Humus	190	0,935	0,493
Terre de jardin	89	0,821	0,923
Terre arable d'Hoffwyll	52	0,745	1,435
Terre arable du Jura	48	0,689	1,437

Ces résultats démontrent que les sables siliceux et calcaires, ainsi que le gypse, sont les substances qui ont le moins d'affinité pour l'eau ; que l'argile en retient davantage, et d'autant moins qu'elle renferme plus de silice.

Il ést à remarquer que le calcaire en poudre fine en absorbe 85, tandis qu'à l'état de sable il n'en prend que 29 pour cent. On voit par là combien l'état de division influe sur les propriétés physiques d'un sol.

L'humus étant la substance qui a le plus grand pouvoir absorbant, on conçoit comment les terres végétales riches en humus conservent longtemps l'eau dont elles sont humectées.

3° *Ténacité, cohésion, adhérence des terres.* On détermine ces facultés en moulant les différentes substances humectées convenablement en parallélipipèdes égaux et semblables ; puis, quand ils sont complétement secs, on les pose par leurs extrémités sur deux supports fixes, et au moyen de plateaux de balance suspendus exactement au milieu de la longueur des prismes, on les charge successivement de poids jusqu'à ce qu'il y ait rupture. La charge supportée par chaque parallélipipède, immédiatement avant qu'elle ait lieu, sert de mesure à la ténacité.

DÉSIGNATION DES TERRES.	TÉNACITÉ de la terre sèche, celle de l'argile étant 100.	TÉNACITÉ exprimée en poids.	COHÉSION à l'état humide, adhérence verticale au fer et au bois sur un décimètre carré.	
			FER.	BOIS.
		kil.	kil.	kil.
Sable siliceux........	0,0	0,0	0,17	0,19
Sable calcaire........	0,0	0,0	0,19	0,20
Terre calcaire fine....	5,0	0,55	0,65	0,71
Gypse..............	7,3	0,81	0,49	0,53
Humus..............	8,7	0,97	0,40	0,42
Argile maigre........	57,3	0,36	0,35	0,40
Argile grasse........	68,8	7,64	0,48	0,52
Terre argileuse.......	83,3	9,25	0,78	0,86
Argile pure...........	100,0	11,10	1,22	1,32
Terre de jardin.......	7,6	0,84	0,29	0,34
Terre d'Hoffwyll......	33,0	3,66	0,26	0,28
Terre du Jura........	22,0	2,44	0,24	0,27

On voit par ces résultats que la ténacité d'un sol humide n'est pas en raison directe avec la facilité d'imbibition, puisque l'humus et la terre calcaire, qui absorbent plus d'eau que l'argile, ont moins de ténacité.

4° *Aptitude du sol à la dessiccation.* Cette propriété, qui intéresse vivement les agriculteurs, puisqu'une prompte dessiccation tue la végétation, est déterminée au moyen de pesées faites à différents intervalles de temps.

DÉSIGNATION DES TERRES.	100 parties d'eau de la terre perdent en 4 heures, et à 13°, 75 de température:
Sable siliceux	88,4
Sable calcaire	75,9
Gypse	71,7
Argile maigre	52,0
Argile grasse	45,7
Terre argileuse	34,9
Argile pure	31,9
Calcaire en poudre fine	28,0
Humus	20,5
Terre de jardin	24,3
Terre arable d'Hoffwyll	32,0
Terre arable du Jura	40,1

On voit donc qu'en expérimentant sur diverses espèces de terre, on trouve que le sable et le gypse sont les substances qui laissent échapper le plus facilement l'eau.

L'expérience démontre aussi qu'il existe une grande différence entre les effets obtenus avec le sable calcaire et le calcaire dans un grand état de division.

Quant au retrait qu'éprouvent certaines substances quand elles se dessèchent, et d'où résultent des crevasses, on l'évalue en mesurant des prismes de terre humide avant et après leur dessiccation.

4.

DÉSIGNATION DES TERRES.	1000 parties cubes se réduisent à :
Chaux carbonatée en poudre fine...	950
Argile maigre....................	940
Argile grasse.....................	911
Terre argileuse....................	886
Argile pure.......................	817
Humus...........................	846
Terre de jardin....................	851
Terre arable d'Hoffwyll...........	880
Terre arable du Jura..............	905

L'humus est la partie du sol qui éprouve le retrait le plus fort; c'est pour ce motif qu'il se gonfle considérablement quand on l'humecte étant sec.

5° *Propriétés hygroscopiques.* Cette propriété est différente de la précédente; elle dépend surtout de la porosité et des sels déliquescents qu'elle peut renfermer. Elle est considérée comme un indice de la bonne qualité d'une terre. On l'évalue en déterminant l'augmentation de poids de la terre desséchée préalablement au soleil, puis exposée pendant différents intervalles de temps dans un milieu toujours également saturé d'humidité, et dont la température est de 15° à 18° centigrades.

DÉSIGNATION DES TERRES.	500 centigrammes de terre étendue sur une surface de 36,000 mill. carrés ont absorbé en			
	12 heur.	24 heur.	48 heur.	72 heur.
	centi.	centi.	centi.	centi.
Sable siliceux	0,0	0,0	0,0	0,0
Sable calcaire...........	1,0	1,5	1,5	1,5
Gypse................	0,5	0,5	0,5	0,5
Argile maigre...........	10,5	13,0	14,0	14,0
Argile grasse............	12,5	15,0	17,0	17,5
Terre argileuse..........	15,0	18,0	20,0	20,5
Argile pure	18,5	21,0	24,0	24,5
Calcaire en poudre fine...	13,0	15,3	17,5	17,5
Humus................	40,0	48,5	55,0	60,0
Terre de jardin	17,5	22,5	25,0	26,0
Terre arable d'Hoffwyll...	8,0	11,5	11,5	11,5
Terre arable du Jura......	7,0	9,5	10,0	10,0

La faculté d'absorption s'affaiblit à mesure que les terres deviennent plus humides ; l'humus est la substance la plus hygroscopique de toutes celles examinées.

6° *Absorption du gaz oxygène*. L'oxygène, principe essentiel de la végétation, est absorbé et introduit dans les plantes par l'intermédiaire de l'eau et des racines. Quand un soussol est ramené à la surface de la terre par un labour profond, il est privé momentanément de fertilité, de sorte qu'il est nécessaire de le laisser exposé pendant quelque temps aux influences atmosphériques pour lui donner une propriété fertilisante.

M. Schübler a trouvé que cette absorption est très-faible pour le sable et le gypse, très-prononcée pour l'argile et l'humus, fait déjà observé par M. de Humboldt. Une portion de l'oxygène absorbé par l'humus se change en gaz acide carbonique. Cette faculté, pour être évaluée, exige la connaissance des procédés chimiques pour l'analyse des gaz.

7° *Conductibilité des terres pour la chaleur.* On détermine cette propriété par la méthode du refroidissement, qui est suffisante pour les applications à l'agriculture.

DÉSIGNATION DES TERRES.	FACULTÉ de retenir la chaleur, celle du sable calcaire étant de 100.	TEMPS que 550 cent. cubes de terre mettent à se refroidir de 62°,5 à 21°,2, l'air ambiant étant à 16°,2.
		h.
Sable calcaire	100	3,30
Sable siliceux	95,6	3,27
Gypse	73,2	2,34
Argile maigre	76,9	2,41
Argile grasse	71,1	2,30
Terre argileuse	68,4	2,24
Argile pure	66,7	2,19
Calcaire en poudre fine	61,8	2,10
Humus	49,0	1,43
Terre de jardin	64,8	2,16
Terre arable d'Hoffwyll	70,1	2,27
Terre arable du Jura	74,3	0,36

Ces résultats prouvent que les sables siliceux et calcaires, comparés à volumes égaux à l'argile, aux différentes argiles, au calcaire en poudre fine, à l'humus, à la terre arable et à la terre de jardin, sont les terres qui conduisent le moins bien la chaleur. C'est le motif pour lequel les terrains sablonneux en été, même pendant la nuit, conservent une température élevée. L'humus occupe le dernier rang.

8° *Échauffement des terres exposées au soleil.* La quantité de chaleur acquise par une terre dépend de l'état de sa surface, de sa composition, de la quantité d'eau qu'elle contient, et de l'incidence des rayons solaires.

M. Schübler, pour trouver le degré d'échauffement des différentes terres, toutes choses égales d'ailleurs, a fait usage d'une méthode qui n'est pas à l'abri de toute objection. Cette méthode consiste à mesurer les températures acquises par différentes terres sèches et humides exposées au soleil pendant le même temps, et autant que possible dans les mêmes conditions. Voici les résultats qu'il a obtenus :

DÉSIGNATION DES TERRES.	TEMPÉRATURE MAXIMUM DE LA COUCHE SUPÉRIEURE, la température moyenne de l'air ambiant étant 25°.	
	Terre humide.	Terre sèche.
Sable siliceux, gris jaunâtre	37°,25	44°,75
Sable calcaire, gris blanchâtre	37,38	44,50
Gypse clair gris blanchâtre	36,55	43,62
Argile maigre, jaunâtre	36,75	44,12
Argile grasse	37,25	44,50
Terre argileuse gris jaunâtre	37,38	44,62
Argile pure, gris bleuâtre	37,50	45,00
Terre calcaire blanche	35,63	43,00
Humus, gris noir	39,75	47,37
Terre de jardin gris noir	37,50	45,25
Terre arable d'Hoffwyll, grise	36,88	44,25
Terre arable du Jura, grise	36,50	43,75

On voit que la couleur, l'humidité, l'incidence des rayons solaires sont les causes qui exercent le plus d'influence sur l'échauffement du sol; que les différences de température dues à ces causes, avec celle de l'air ambiant, peuvent aller jusqu'à 14° ou 15° et au delà; que les différences provenant de l'état de la surface et de la composition des terres ne sont pas à beaucoup près aussi grandes, et que relativement à celles dues à l'obliquité des rayons solaires, elles peuvent aller jusqu'à 25°.

§ 4. DES DIFFÉRENTES TERRES ARABLES.

Les trois principaux éléments des terres arables, ai-je déjà dit, sont l'argile, le sable et le calcaire ; chacun d'eux s'y trouve en diverses proportions ; de là résultent plusieurs classes de terres arables ; on en distingue deux grandes, en raison des différences caractéristiques qu'elles présentent sous le rapport de la composition et des propriétés physiques : terres fortes et terres légères.

Les terres fortes sont celles dans lesquelles domine l'argile ; elles sont tenaces, ont peu de perméabilité, et la dessiccation en est lente. Les secondes, dans lesquelles le principe dominant est le sable, possèdent des qualités diamétralement opposées aux précédentes.

Le mélange dans des proportions convenables de ces deux sortes de terre, présente les avantages que l'on recherche dans les bonnes terres arables.

Les propriétés des terres fortes et des terres légères sont modifiées par le terreau, qui diminue la grande ténacité des premières ; mais il a l'inconvénient de les rendre très-humides dans les saisons pluvieuses ; à l'égard des secondes, ce défaut devient qualité.

Dans les terres fortes, si la sécheresse est trop longue, la terre se durcit au point que les plantes ne peuvent y pénétrer.

Les terres légères pèchent rarement par le défaut d'humidité ; la sécheresse, au contraire, leur est très-nuisible ; la végétation s'y développe plus rapidement que dans les autres ; l'engrais soluble étant entraîné facilement par les eaux pluviales, son action est moins prolongée que dans les terres fortes.

Suivant Thaër et Zinhoff, un terrain qui renferme

40 pour cent de sable est dit argileux ; on y cultive encore du froment. Lorsque la teneur descend à 30, l'orge y réussit mieux que le froment; au-dessous, la culture est fructueuse à l'avoine. Au delà de 50 à 60, on y cultive l'avoine; à 70, le sol ne convient plus au froment, mais bien à l'orge; à 75, le terrain est propre à la culture de l'avoine; à 90, dans nos climats, la sécheresse enlevant toute cohésion aux particules, on en tire difficilement parti.

Les deux grandes classes de terres arables, terres fortes ou argileuses, terres légères ou sableuses, ont été divisées, sous-divisées, suivant la teneur des principes constituants. M. Oscar Leclerc à ces deux grandes classes en a ajouté trois autres, et il a sous-divisé comme il suit les cinq classes :

1. *Terre argileuse.*

Argilo-ferrugineuse.
Argilo-calcaire.
Argilo-sablonneuse.
Argilo-ferrugino-calcaire.
Argilo-ferrugino-siliceuse.
Argilo-sablo-calcaire.

2. *Terre sableuse.*

Sableuse argileuse.
Quartzeuse et graveleuse.
Granitique.
Volcanique.
Sablo-argilo-ferrugineuse.
Sables de bruyères.
Sables purs.

3° *Terre calcaire.*

Sables calcaires.
Sables crayeux.
Sables tuffeux.
Terres marneuses.

4° *Terre magnésienne.*

5° *Terre tourbeuse.*

Tourbeuse.
Uligineuse.
Marécageuse.

Ces divisions sont arbitraires comme toutes celles qui ne reposent pas sur des résultats d'analyse représentant exactement la composition des terres. Si je prends, par exemple, les deux divisions argilo-ferrugino-calcaire et argilo-ferrugino-siliceuse, il est impossible de dire où commence l'une et finit l'autre, puisque la première peut renfermer de la silice, et la seconde du calcaire ; il en est de même pour les autres divisions.

M. de Gasparin a adopté une classification mixte, c'est-à-dire qu'il prend pour base de la classe l'élément chimique, et pour celle de la sous-division la propriété physique principale. (*Cours d'agriculture,* t. 1er, p. 273.)

Terrains renfermant l'élément calcaire...	limons.........	inconsistants. meubles. tenaces.	
	Argilo-calcaires.	argileux. calcaires.	
	craies	fraîches. sèches.	
	sables.	meubles. inconsistants.	
Terrains ne renfermant pas l'élément calcaire...	siliceux.	secs. frais.	
	glaiseux.	inconsistants. meubles ..... tenaces......	micacés. schisteux. volcaniques. sablonneux.
Argiles............			
Terreaux..........	doux.........		
	acides.........	terre de bruyère. terre de bois. tourbe.	

M. de Gasparin, en adoptant cette division, qui est très-rationnelle, a donné les caractères chimiques auxquels on reconnaît les différentes espèces de terre, avantage que l'on ne trouve pas dans la classification de M. Oscar Leclerc.

Quelques détails sur chacune de ces divisions, extraits de l'ouvrage de M. de Gasparin, ne seront pas inutiles à notre sujet.

Terres calcaires ou magnésiennes. Elles sont solubles avec effervescence dans l'acide nitrique ou acétique, avec dépôt de matières étrangères. La dissolution donne, avec le carbonate de potasse, un précipité de carbonate de chaux ou de carbonate de magnésie.

Limons, terres de dépôt et d'alluvion. Traités par l'acide nitrique, ils laissent pour résidu de l'argile et de la silice pure, représentant chacune $\frac{1}{10}$ du poids total de la terre.

M. de Gasparin cite comme exemple de limon une terre des environs d'Orange, ayant pour composition :

Terreau	4
Carbonate de chaux	43,5
Argile	32,5
Silice libre	20
	100

Ce limon est excellent pour la culture des blés, des légumes et des mûriers. La végétation est en général des plus vigoureuses dans cette sorte de terre, qui réunit les conditions les plus favorables pour une bonne culture, ténacité modérée, humidité convenable, assez de liant pour que les racines trouvent un ferme appui, matières organiques indispensables au développement des plantes en quantités tellement considérables, que souvent elles sont inépuisables.

Limon inconsistant. Limon très-meuble en raison de la

présence d'une petite quantité d'argile ; faible ténacité qui n'est jamais nulle comme dans les terres siliceuses, attendu qu'il renferme toujours une petite quantité d'argile.

Limon meuble. Ténacité moyenne entre 800 grammes et 1500 grammes, facile à émietter et à cultiver pendant la sécheresse. Ce limon occupe en Russie une étendue d'environ 80,000,000 d'hectares, limités par une ligne courbe tirée du 54° de latitude, au sud de Lichwin, au 57° sur la rive gauche du Volga. On le retrouve près de Kasan et sur le flanc asiatique de l'Oural, à Crasnoï-Glasnova, s'étendant beaucoup en Sibérie. On le retrouve à tous les niveaux jusqu'à une hauteur de 122 mètres.

Ce terrain, qui est le champ et le potager de la Russie, est appelé Tchernoyzen. Il produit en céréales, suivant M. de Meyendorff, 20,000,000 d'hectolitres. On trouvera plus loin plusieurs analyses de ce limon.

Cette terre, quand elle est humide, est tenace ; sèche, elle se réduit en poudre impalpable. En raison de sa grande fertilité, le Tchernoyzen est partout couvert de blé et de prairies, et n'a besoin que d'une année de jachère pour être cultivé de nouveau. (Voir son analyse, p. 59.)

Limon tenace. Ce limon acquiert d'autant plus de ténacité, qu'il renferme plus d'argile. Cette terre, en raison de l'humidité qu'elle renferme et qu'elle conserve encore longtemps pendant les chaleurs, et des sels ammoniacaux qu'elle absorbe, est excellente pour la culture du froment. Il faut rapporter à cette espèce de limon celui du Nil (p. 60), qui est d'un jaune brunâtre, happant fortement à la langue, doux au toucher ; il perd 8 p. 100 de son poids en l'exposant à 100°. Sa pesanteur spécifique est de 2,85.

Terres argilo-calcaires. Elles renferment plus de 1/10

de chaux, un peu moins de 1/10 de sable siliceux libre, et le reste se compose d'argile. Ces terres sont très-propres à la culture du blé et des prairies artificielles ; elles ont beaucoup de ténacité et donnent de grosses mottes quand on les laboure par la sécheresse.

Terres argilo-calcaires argileuses. Ces terres, qui contiennent au moins moitié d'argile, ont des rapports avec les limons tenaces, dont elles possèdent les propriétés. Elles renferment un peu moins de silice libre que ces derniers.

Terres argilo-calcaires calcaires. Cette espèce de terre renferme au moins moitié de carbonate de chaux ou de magnésie, et au moins 1/10 d'argile. Elle est tenace, meuble ou inconsistante, selon le plus ou le moins de calcaire.

Craies. Elles renferment au moins 60 p. 100 de calcaire et 10 d'argile au plus. Ces terrains, en raison de leur couleur blanche, sont froids et tardifs. Ayant peu de liant, les vents les déplacent facilement et découvrent les racines. Dans les pays chauds et secs, ils sont entièrement stériles ; la végétation étant nulle en été, il ne peut y avoir de plantes vivaces.

Dans les climats humides, le sol se recouvre d'une herbe fine et délicate d'excellente qualité pour le bétail ; tels sont les herbages de South-Dowers et des côtes de Sussex en Angleterre. (Voir p. 63 l'analyse de deux terrains crayeux.)

Cette espèce de terre renferme ordinairement peu de terreau, suite inévitable du peu de végétation qui s'y développe. Elle ne conserve pas la fumure, les engrais et surtout ceux azotés sont enlevés dès la première année; mais elle conserve le carbone, qui est un élément précieux pour la végétation ultérieure. Elle convient parfaitement à la luzerne et au sainfoin.

Le Saule marceau, le Mahaleb, le Merisier, l'Aubépine, le Rosier et le Buis sont les arbres qui croissent de préférence dans les terrains crayeux. Néanmoins ces arbres sont toujours grêles.

Sables calcaires. On désigne ainsi le sol qui contient 0,50 de sable siliceux et calcaire, dont les grains ont au plus un demi-millimètre de diamètre. Quand ils ont de la profondeur, ils conviennent bien aux arbres et aux légumes.

Ils conviennent également aux froments et aux plantes qui mûrissent au commencement de l'été, lorsque la craie fine et l'argile qui leur donnent une certaine consistance sont en proportions convenables.

Inconsistants. Les terres le deviennent quand le sable est prédominant; ils ne conviennent alors qu'au seigle. S'ils ont de la profondeur, on y cultive avec succès la vigne et le mûrier.

Terres non calcaires. Elles ne font point effervescence avec les acides, et la solution ne précipite pas par le carbonate de potasse. On retire en les lavant par lévigation au moins 0,55 de silice. Elles sont sèches ou fraîches, suivant qu'elles se trouvent dans un climat sec qui ne peut être arrosé, dans un terrain humide ou qui peut être irrigué; les premières conviennent aux Pins silvestres, maritimes, au Laricio et au Cèdre, qui prennent un grand développement; on y trouve aussi des Bouleaux et des Chênes. Les secondes sont propres à toutes les cultures au moyen des engrais et des amendements.

Glaises (varènes, puisayes, bolbènes, terres blanches). Elles donnent par le lavage à la lévigation au moins 0,45 d'argile et 0,10 de silice. Leurs qualités varient suivant la proportion des deux principaux éléments. Celles qui sont le plus argileuses et qui ont assez de pente pour donner l'écoulement aux eaux pluviales sont très-estimées pour le froment et les trèfles, qui y donnent deux coupes. La grosseur des grains de sable exerce une influence sur leur qualité. Si ces grains sont fins, la terre est compacte après la pluie; si, au contraire, ils sont gros et en grand nombre, elle devient plus sèche et rentre dans la classe des terres siliceuses.

Les glaises sont inconsistantes, meubles ou tenaces. Elles sont inconsistantes quand elles renferment beaucoup de silice et que cette terre est en gros grains; sèches en été, elles se mettent en bouillie dans des temps pluvieux. Elles sont meubles quand leur ténacité est de 0,5 à 1 kil. On les sous-divise, en raison de la nature de leurs principes constituants, en meubles micacées, meubles schisteuses, meubles volcaniques et meubles sablonneuses.

Enfin les glaises sont tenaces quand leur ténacité est supérieure à 1 kilog.; mouillées, elles sont très-difficiles à labourer; il en est de même quand elles sont sèches; dans le premier cas, elles forment une pâte grasse; dans le second, elles sont très-dures. La gelée les ameublit. Elles se fendent profondément en été, et retiennent l'eau en hiver. Elles conviennent au blé et au trèfle, et nullement au sainfoin.

Argile. Une terre est réputée telle quand elle renferme plus de 85 d'argile et de la silice pure; elle est impropre à la culture.

Terres à bases organiques (terreau, humus). Elles perdent au moins un cinquième de leur poids par la combustion, après avoir été toutefois préalablement desséchées.

Les terreaux sont doux ou acides. Les premiers ne rougissent pas le papier tournesol quand ils ont été mis en digestion dans l'eau bouillante. Il faut y rapporter les terres de jardins et de marais, et celles cultivées de préférence par les maraîchers. L'acide carbonique en excès doit être neutralisé par de l'engrais animal et de la chaux. Ces terrains sont acides quand l'eau qui a été mise en digestion rougit le papier tournesol. On range dans cette classe la terre de bois, la terre de bruyère, et la terre tourbeuse.

La terre de bois doit sa propriété au tannin fourni par les détritus des matières végétales. La présence du tannin, et celle d'un grand excès de gaz acide carbonique, nuisent à la culture de ces terres. On y remédie au moyen du chaulage, du marnage, des engrais, des cendres et de l'écobuage.

La terre de bruyère, comme son nom l'indique, provient des détritus des Bruyères, des Genêts et des Fougères. Elle diffère de la précédente par une quantité plus considérable de fer, et par sa nature siliceuse. (Voir l'analyse de ces terres, p. 56.)

La dessiccation la transforme en une masse brune fendillée. Pour y cultiver du seigle, des racines, de la vigne, il faut le chaulage ou l'écobuage, et surtout du fumier animal.

Terre tourbeuse. Sa dénomination indique son origine. Elle se forme dans les terrains marécageux ou inondés, non calcaires, avec les débris de plantes monocotylédones ou de Mousses. Les acides acétique et phosphorique y sont libres, faute de base à saturer. Elles contiennent environ 90 de matières organiques et 10 de matières minérales.

Ces terres deviennent aptes à la culture en neutralisant les acides avec la chaux, la marne ou les engrais. L'orge et l'avoine y réussissent mieux que le froment; mais pour que la culture y soit avantageuse, il faut parer à l'inconvénient qui résulte de leur très-grande dessiccation pendant l'été ; on y parvient en recouvrant la terre, pour la dérober à l'action solaire, avec des roseaux qui croissent naturellement dans les fossés d'écoulement.

L'Aune, le Bouleau, les Saules et les Peupliers, et quelques autres espèces d'arbres, se montrent dans les tourbes bien desséchées.

Pour que le lecteur puisse se faire une idée de la composition de terres végétales servant à diverses cultures, je joins ici un certain nombre d'analyses de terres prises dans plusieurs parties du globe; les analyses de M. Berthier seront rapportées avec détails afin de faire connaître la méthode d'expérimentation de cet habile chimiste.

TERRES SILICEUSES.

Terre à seigle des environs de Nemours donnant de bonnes récoltes quand la saison est sèche (Berthier) :

Sable quartzeux	0,9000
— extrêmement fin	0,0660
Silice	0,0150
Alumine	0,0075
Oxyde de fer	0,0030
Carbonate de chaux	0,0010
Eau et matières organiques	0,0075
	1,0000

Ce sable, qui est presque pur, n'est cultivé que parce qu'il est très-fin, et qu'il est placé dans une plaine au-dessus de l'argile plastique, qui lui donne constamment de l'humidité.

Terre d'Ormesson (près de Nemours), de très-bonne qualité, plantée en vignes ; elle fait pâte avec l'eau. Lors de la sécheresse, elle se fendille et s'écrase sous une assez faible pression (Berthier) :

Sable quartzeux à grains moyens	0,150
— très-fins	0,415
Silice combinée	0,210
Alumine	0,106
Peroxyde de fer	0,044
Carbonate de chaux	0,005
Eau et humus	0,070
	1,000

Terre de bruyère des environs de Paris (Berthier) :

Cette terre, après avoir été séchée et pesée, a été passée dans l'eau, successivement dans un tamis de crin et dans un tamis de soie ; on a lavé par lévigation, afin de séparer les substances qui n'avaient pas la même densité ; on a obtenu dans ces premières préparations :

Parties restées sur le tamis de crin	0,025
— sur le tamis de soie	0,130
Parties tenues en suspension dans l'eau	0,090
Sable quartzeux très-fin	0,755
	1,000

La partie restée sur le tamis de crin était formée de racines moyennes et de radicules.

La partie restée sur le tamis de soie se composait de radicules, de terreau et de sable ; cette dernière a donné après calcination :

Charbon	0,134
Matières volatiles	0,456
Sable	0,410
	1,000

Le sable a pour composition :

Partie soluble dans l'acide chlorhydrique, 0,059.	Alumine...........	0,023
	Oxyde de fer......	0,015
	Chaux.............	0,016
	Magnésie..........	0,002
	Potasse...........	0,003
Partie soluble dans la potasse, 0,060.	Silice............	0,060
Partie insoluble, 0,282.	Quartz............	0,266
	Alumine...........	0,015
	Oxyde de fer......	0,005
	Chaux.............	0,005
		0,410

Parties en suspension dans l'eau.

Charbon..............................	0,120
Matières volatiles...................	0,350
Sable................................	0,530

Composition de ce dernier sable :

Partie soluble dans l'acide chlorhydrique, 0,035.	Alumine...........	0,014
	Oxyde de fer......	0,011
	Chaux.............	0,005
	Potasse...........	0,005
Partie soluble dans la potasse, 0,043.	Silice............	0,043
Partie insoluble, 0,452.	Quartz............	0,405
	Alumine...........	0,027
	Chaux.............	0,006
	Magnésie..........	0,001
	Oxyde de fer......	0,013
		0,530

En fondant avec de la litharge la matière suspendue dans l'eau, on a obtenu 6,9 de plomb. Cette matière correspondait par conséquent à 0,197 de carbone ; or, comme elle en avait donné 0,120 par la calcination, les

0,350 de matières volatiles fournies par elle correspondaient à 0,077 de ce combustible.

En définitive, la terre de bruyère a pour composition :

Racines moyennes et petites	0,025
Radicules et terreau	0,078
Terreau (ulmine)	0,043
Sable quartzeux et argile	0,854
	1,000

Terre très-propre à la culture du seigle et des racines (environs de Nemours) (Berthier) :

Cette terre, d'une couleur café au lait, a donné par lévigation et tamisage :

Fragments restés sur le tamis de crin	0,076
Sable quartzeux resté sur un tamis de soie	0,484
Sable très-fin obtenu par lévigation	0,090
Argile et sable fin tenu en suspension	0,350
	1,000

Les fragments sont des débris de silex très-petits ; le sable est du quartz blanc pur.

L'argile qui a la propriété plastique, traitée successivement par l'acide acétique, l'acide chlorhydrique, et par la potasse au creuset d'argent, a donné les résultats suivants :

Carbonate de chaux	0,130
Oxyde de fer	0,045
Silice et quartz	0,620
Alumine	0,068
Eau et matières organiques	0,137
	1,000

Or, comme l'argile pure contient environ le tiers de son poids d'alumine, il faut en conclure que la matière analysée ne contient que 0,21 d'argile, et la terre 0,073 seulement. Cette analyse montre quelle faible quantité de carbonate de chaux et d'argile il faut ajouter au sable pur fin pour l'amender.

En fondant avec 10 parties de litharge, on obtient 0,5 de plomb ; d'où il résulte que les matières organiques équivalent à 0,03 de charbon. La terre avait reçu une fumure récente.

Analyses du Tchernoyzen de la Russie.

Analyse de Philips.		Analyse de M. Payen.	
Silice	0,698	Silice	0,7156
Alumine	0,135	Alumine	0,1140
Oxyde de fer	0,070	Oxyde de fer	0,0562
Carbonate de chaux	0,016	Chaux	0,0080
Terre végétale	0,064	Magnésie	0,0122
Acide ulmique		Chlorures alcalins	0,0121
— sulfurique	traces.	Acide phosphorique	traces.
Chlore		Matières organiques	0,0695
Perte	0,017	Perte	0,0124
	1,000		1,0000

Nouvelle analyse par MM. Payen et Poinsot.

Matière organique.	6,95	
Substance minérale.	93,05	
	100,00	
1000 substance sèche.	1,65 d'azote.	
1000 de la matière organique.	24,95	

Soluble dans l'acide chlorhydrique.	Alumine.	0,0504	0,1369
	Oxyde de fer.	0,0562	
	Chaux.	0,0081	
	Magnésie.	0,0098	
	Chlorures alcalins.	0,0121	
Insoluble dans l'acide.	Silice.	0,7156	0,7786
	Alumine.	0,0626	
	Chaux.	traces.	
	Magnésie.	0,0004	

TERRES ARGILEUSES.

Terre argileuse très-fertile de la Charente-Inférieure. Cette terre est connue sous le nom de *bri*, et occupe plus de

2,000 kil. carrés, depuis l'embouchure de la Loire jusqu'à celle de la Gironde. Elle provient, suivant M Fleuriau de Bellevue, des atterrissements modernes de la terre bien plus que de celui des fleuves. Cette terre est d'une grande fertilité quand elle n'a pas été épuisée par un grand nombre de cultures privées d'engrais.

Les jets de fossé sont plus fertiles que la superficie du terrain.

Voici la composition de deux échantillons, pris l'un à la superficie, l'autre à un mètre de profondeur (Berthier) :

	Terre de la superficie.	Terre prise à 1 mètre.
Argile...................	0,777	0,738
Oxyde de fer.............	0,055	0,056
Carbonate de chaux.......	0,050	0,099
Eau et matières organiques.	0,118	0,147
	1,000	1,000

Il est difficile de croire que la différence de fertilité puisse être attribuée aux proportions inégales de carbonate de chaux. Il faut la chercher dans les propriétés physiques des deux échantillons.

Analyse du limon déposé par l'eau du Nil. (Description de l'Égypte, t. II, p. 406 ; Regnault.)

Chlorure de sodium, sulfate de soude et carbonate d'ammoniaque........................	0,01
Matières organiques..................	0,09
Eau..................................	0,10
Oxydes de fer........................	0,06
Silice...............................	0,04
Alumine..............................	0,48
Carbonate de chaux...................	0,18
Carbonate de magnésie................	0,04
	0,100

Ce limon doit être rangé dans la classe des terres argilo-calcaires.

Limon du Nil. (Analyse de M. de la Jonchère sous les yeux de M. Payen.)

Partie soluble. La matière organique dans l'eau du limon représente plus des 2/3 de l'azote contenu dans le limon.	Silice	0,0005
	Eau	0,0475
	Matière organique	0,0485
	Chlorure de calcium	0,0820
Partie soluble dans l'acide chlorhydrique.	Peroxyde de fer	0,1190
	Alumine	0,2115
	Carbonate de chaux	0,0385
	Id. de magnésie	0,0205
Matières insolubles dans l'eau et dans l'acide.	Silice	0,4050
	Alumine	0,0370
		100,00

La matière normale contient 2,10 d'azote pour 1000.

La quantité d'azote trouvée dans le limon du Nil rapproche celui-ci des terres fertiles. Suivant M. Payen :

		d'azote.	
1000 à l'état sec.	Terre de Boulbenne (Haute-Garonne)	0,7	peu fertile.
	— de la Courneuve, près Paris	2,2	très-fertiles.
	— de Limoges	3,2	
	— de Russie, brune	1,65	

Terre végétale de l'île de Cuba, dans laquelle on cultive le sucre, le café et le tabac :

Sa couleur est rouge.

Elle est en petites masses agglomérées que l'on écrase très-facilement ; elle exhale une odeur désagréable, analogue à celle des crottes de mouton. On y voit des débris de végétaux. Elle fait pâte avec l'eau, et acquiert beaucoup de ténacité par le dessèchement.

Composition (Berthier) :

Carbonate de chaux	0,080
Peroxyde de fer	0,140
Oxyde de manganèse	0,010

Silice	Argile. 0,50	0,336
Alumine		0,170
Eau et matières organiques		0,250
		0,986

TERRES ARGILO-SILICEUSES.

Terre de jardin, légère, noire, friable et fertile :

Argile	0,524
Sable quartzeux	0,365
Sable calcaire	0,018
Terre calcaire	0,020
Humus	0,073
	1,000

Terre labourable prise dans un champ près d'Hoffwyll (Schübler) :

(*Citée en exposant les propriétés physiques des terres.*)

Argile	0,512
Sable siliceux	0,427
Sable calcaire	0,004
Terre calcaire	0,023
Humus	0,034
	1,000

Terre labourable prise dans un vallon situé dans le voisinage du Jura :

(*Citée en exposant les propriétés physiques des terres.*)

Argile	0,333
Sable siliceux	0,630
Sable calcaire	0,120
Terre calcaire et humus	0,120
Perte	0,130
	1,333

TERRES CALCAIRES.

Terre végétale des environs de Puiseaux (Loiret), propre à la culture du safran (Berthier) :

Carbonate de chaux	0,370
Silice et sable quartzeux	0,454
Alumine	0,093
Oxyde de fer	0,020
Eau et matières organiques	0,063
	1,000

Terre crayeuse des côtes d'Angleterre :

Carbonate de chaux	0,9857
— de magnésie	0,0038
Phosphate de chaux	0,0014
Protoxyde de fer	0,0008
— de magnésie	0,0006
Alumine	0,0016
Silice	0,0064
	1,0000

Terre crayeuse des environs de Brumont, près de Reims:

Carbonate de chaux	0,0667
Phosphate de chaux	0,0020
Hydrate de peroxyde de fer	0,0020
Alumine	0,0023
Sable siliceux	0,0278
	1,0000

Terres végétales de Pommard, contrée célèbre par l'excellence de ses vins (Berthier) :

Les deux échantillons soumis à l'expérience ont été pris dans deux champs contigus, cultivés par le même propriétaire, et produisant des vins qui diffèrent très-notablement en qualité.

Le vin du champ n° 1 est rouge et possède une partie

des qualités du vin de Champagne ; il a un arome moins piquant et une plus grande mollesse que n'en ont ordinairement les vins de Bourgogne. Le vin du champ n° 2 est également rouge ; il est corsé, il affecte vivement toutes les papilles de la langue et du palais, emplit bien mieux la bouche, en quelque sorte, et laisse ensuite la saveur un peu acide qu'estiment les gourmets ; mais il n'est pas plus alcoolique.

L'analyse de ces terres au tamis de crin et au tamis de soie a donné :

	N° 1.	N° 2.
Gros grains restés sur le tamis de crin....	0,258	0,410
Sable fin resté sur le tamis de soie.......	0,043	0,120
Sable fin obtenu par lévigation..........	0,186	0,080
Argile fine........................	0,513	0,390
	1,000	1,000

Composition élémentaire :

	N° 1.	N° 2.
Carbonate de chaux..................	0,452	0,585
Quartz..........................	0,040	0,045
Hydrate de fer.....................	0,125	0,075
Argile, sable fin, matières organiques.....	0,383	0,295
	1,000	1,000

On se demande comment il se fait que de faibles différences dans la composition de ces terres suffisent pour expliquer celles que présentent les qualités de ces deux espèces de vin ; il est plus que probable que ces terres possèdent des propriétés physiques qui ne sont pas identiquement les mêmes, et auxquelles il faut rapporter les différences observées.

CHAPITRE II.

DES MATIÈRES INORGANIQUES CONTENUES DANS LES VÉGÉTAUX.

§ 1. DES CENDRES DES VÉGÉTAUX.

Les végétaux se nourrissent aux dépens de l'air et du sol, par conséquent toutes les substances minérales enlevées à ce dernier par les eaux et transportées par elles dans leurs organes, si elles n'ont pas été excrétées, y restent incorporées, et on les retire au moyen de l'incinération.

Ces matières sont très-importantes à connaître, attendu que plusieurs d'entre elles, étant indispensables au développement des végétaux, doivent être fournies au sol s'il ne les renferme pas déjà.

Lorsqu'une plante a été amenée à un état convenable de dessiccation, si on élève suffisamment sa température, elle prend feu, toutes les matières combustibles brûlent, et il ne reste plus que des cendres composées de matières inorganiques enlevées au sol, les unes solubles, les autres insolubles. Les matières solubles sont des carbonates, des chlorures et des sulfates alcalins, du sulfate de chaux. Les carbonates proviennent de la décomposition des sels à acides végétaux pendant la combustion, tandis que les autres composés existaient dans les plantes avant la combustion. La quantité d'acide carbonique n'est jamais assez considérable pour saturer les alcalis, la magnésie et la totalité de la chaux, car la chaleur dégagée pendant la combustion est suffisante pour décomposer le carbonate de magnésie, et même une partie du carbonate de chaux. Les

6.

matières insolubles sont : la silice, le carbonate de chaux, les phosphates de chaux et de magnésie; les oxydes de fer et de manganèse combinés avec différents acides.

La combustion s'opère ordinairement dans un petit fourneau cylindrique de terre, et on achève l'incinération en chauffant au rouge naissant dans une capsule de platine jusqu'à l'entière disparition du charbon. Cela fait, on lessive les cendres, on cherche les sels enlevés par l'eau, et on fait l'analyse des substances non dissoutes; nous renvoyons pour cette analyse à l'excellent mémoire de M. Berthier sur les cendres des végétaux (*Annales de physique et de chimie*, t. 32, p. 240). On trouvera plus loin la composition des cendres de diverses plantes d'après plusieurs chimistes; les plantes ci-après désignées, après avoir été desséchées avec soin dans un bain d'huile à 110° centigrades, et incinérées, ont donné les quantités de cendres suivantes (Boussingault, *Économie rurale, etc.*, tome 1, page 92) :

SUBSTANCE DESSÉCHÉE A 110°.	CENDRES CONTENUES.
Paille de froment	0,070
Graines de froment	0,024
Paille de seigle	0,036
Graines de seigle	0,023
Paille d'avoine	0,051
Graines d'avoine	0,040
Pomme de terre	0,040
Betterave champêtre	0,063
Navets	0,076
Topinambours	0,060
Tiges ligneuses des topinambours	0,028
Pois	0,031
Paille des pois	0,113
Foin de trèfle rouge	0,077
Foin de prairie	0,090
Regain de foin de prairie	0,100

Composition des cendres provenant des plantes récoltées à Bechelbronn (Bas-Rhin), par M. Boussingault.
(Économie rurale, tome II, page 327.)

SUBSTANCES QUI ONT DONNÉ des cendres.	ACIDES Carbonique.	ACIDES Sulfurique.	ACIDES Phosphorique.	CHLORE.	CHAUX.	MAGNÉSIE.	POTASSE.	SOUDE.	SILICE.	OXYDE DE FER, Alumine, etc.	CHARBON, HUMIDITÉ, Perte.
Pommes de terre.	13,4	7,1	11,3	2,7	1,8	5,4	51,5	*traces.*	5,6	0,5	0,4
Betteraves champêtres.	16,1	1,6	6,0	5,2	7,0	4,4	39,0	6,0	8,0	2,5	4,2
Navets.	14,0	10,9	6,1	2,9	10,9	4,3	33,7	4,1	6,4	1,2	5,5
Topinambours.	11,9	2,2	10,8	1,6	2,3	1,8	44,5	*traces.*	13,0	5,2	7,6
Froment.	0,0	1,0	47,0	*traces.*	2,9	15,9	29,5	*traces.*	1,3	0,0	2,4
Paille de froment.	0,0	1,0	3,1	0,6	8,5	5,0	9,2	0,3	67,6	1,0	3,7
Avoine	1,7	1,0	14,9	0,5	3,7	7,7	12,9	0,0	53,8	1,3	3,0
Paille d'avoine.	3,2	4,1	3,0	4,7	8,3	2,8	24,5	4,4	40,0	2,1	2,9
Trèfle	25,0	2,5	6,3	2,6	24,6	6,3	26,6	0,5	5,3	0,3	0,0
Pois.	0,5	4,7	30,1	1,1	10,1	11,9	35,3	2,5	1,5	*traces.*	2,3
Haricots.	3,3	1,3	26,8	0,1	5,8	11,5	49,1	0,0	1,0	*traces.*	1,1
Fèves.	1,0	1,6	34,2	0,7	5,1	8,6	45,2	0,0	0,5	*traces.*	3,1

Ces résultats ont mis à même M. Boussingault d'évaluer les substances minérales enlevées au sol par les diverses cultures faites à Bechelbronn sur un hectare.

NATURE DE LA RÉCOLTE.	RÉCOLTE SÈCHE.	CENDRES dans 100 parties de la récolte.	QUANTITÉ de cendres par hectare.	ACIDES. phosphorique.	ACIDES. sulfurique.	CHLORE.	CHAUX.	MAGNÉSIE.	POTASSE ET SOUDE.	SILICE.	OXYDE DE FER, ALUMINE, ETC.
	kil.	kilog.	kilog.	kilog.	kilog.	kilog.	kilog.	kilog.	kilog.	kilog.	kilog.
Pommes de terre	3085	4,0	123,4	13,9	8,8	3,3	2,2	6,7	63,5	6,9	18,6
Betteraves	3172	6,3	199,8	12,0	3,2	10,4	14,0	8,8	89,9	16,0	5,0
Navets dérobés, demi-récolte	716	7,6	54,4	3,3	5,9	1,6	5,9	2,3	20,6	3,5	0,7
Topinambours	5500	6,0	330,0	35,6	7,3	5,3	7,6	5,9	146,8	42,9	17,2
Froment	1148	2,4	27,5	12,9	0,3	0,0	0,8	4,4	8,1	0,4	»
Paille de froment	2790	7,0	195,3	6,0	»	1,2	16,6	9,8	18,6	132,0	2,0
Avoine	1064	4,0	42,6	6,4	0,4	0,2	1,6	3,3	5,5	22,7	0,6
Paille d'avoine	1283	5,1	65,4	1,9	2,7	3.1	5,4	1,8	18,9	26,2	1,4
Trèfle	4029	7,7	310,2	19,5	7,7	8,1	76,3	19,50	84.1	16,4	0,9
Pois fumés	998	3,1	30,9	9,3	1,5	0,3	3,1	3,7	11,7	0,5	traces.
Haricots à l'état normal	1580	3,5	55,3	14,8	0,7	0,1	3,2	6,4	27,1	0,6	traces.
Fèves à l'état normal	2121	3,0	68,6	21,8	1,0	0,5	3,2	5,5	28,7	0,3	traces.

On voit, par ces résultats, qu'en moyenne la récolte du blé d'un hectare prend au sol environ 13 kilogr. d'acide phosphorique ; celle du foin 22 kilog. du même acide, etc. La culture des céréales et des racines tend donc, sans cesse, à enlever au sol une partie des substances minérales qui entrent dans sa composition ; si on ne les lui restitue pas, il devient tout à fait impropre à la culture. De là naissent les engrais minéraux dont j'aurai particulièrement à m'occuper.

M. Berthier a trouvé que les cendres de paille de froment récolté dans une terre fertile et calcaire des environs de Nemours avaient pour composition :

Cendres non lavées.		Résultat du lavage des cendres, sels solubles dans l'eau.	
Silice	0,715	Chlorure de potassium	0,360
Potasse combinée avec la silice	0,130	Sulfate de potasse	0,043
chaux	0,055	Silicate de potasse	0,597
Chlorure de potassium	0,032	Carbonate de potasse	traces.
Sulfate de potasse	0,004		1,000
Carbonate de potasse	traces.		
Oxyde de fer	0,023		
Acide phosphorique	0,011		
Charbon et perte	0,030		
Total	1,000		

M. de Saussure, dans ses recherches sur la végétation, a donné les résultats suivants :

	Paille.	Grains.
Potasse	0,125	0,2500
Phosphate de potasse	0,050	0,3200
Chlorure de potassium	0,030	0,0016
Sulfate de potasse	0,020	traces.
Phosphate terreux	0,062	0,4450

Carbonate terreux	0,010	0,0000
Silice	0,015	0,0050
Oxydes métalliques	0,010	0,0025
Pertes	0,078	0,0759
Total	1,000	1,0000

Toutes ces analyses démontrent, d'une manière incontestable, que les diverses parties d'une même plante ne donnent pas, à beaucoup près, des cendres identiques, puisque la paille contient, d'après M. Boussingault, 0,71 de silice, tandis que le grain n'en a donné à l'analyse que 0,013; que le grain renferme 0,295 de potasse, 0,159 de magnésie, et la paille 0,092 de potasse et 0,05 de magnésie, et que l'acide phosphorique est dans la proportion de 0,47 dans le grain et de 0,031 dans la paille.

Les expériences de M. de Saussure montrent que le chlorure de potassium est au nombre des principes constituants de la paille de froment et du froment même, puisque la paille en renferme 0,030 et le grain 0,0016. M. Boussingault, à la vérité, a trouvé la même quantité dans la paille, mais aucune trace dans le froment. Il est probable, comme on le verra plus loin, que ce résultat négatif tient à ce que l'incinération du froment a été effectuée à une température telle, que les chlorures ont pu être volatilisés. Je me borne, pour l'instant, à signaler la présence d'un chlorure alcalin dans toutes les parties des céréales. Je ferai observer, toutefois, que si les sels alcalins doivent se trouver dans la terre en petite quantité, par cela même que les végétaux n'en renferment que de faibles proportions, on ignore si, cette quantité augmentant, la teneur des végétaux ne doit pas augmenter, tout en acquérant plus de force.

Analyse des cendres de cinq espèces de grains (Liebig,

Chimie appliquée à l'agriculture, page 211); les cendres des grains contiennent :

SUBSTANCES.	BLÉ SARRASIN.	FROMENT.	SEIGLE.	POIS.	FÈVES DE MARAIS.
Phosphate de potasse.	36,51	52,98	52,91	52,78	68,59
Id. de soude.......	32,13	0,0	9,27	5,67	
Id. de chaux.......	3,35	5,06	5,21	10,77	9,35
Id. de magnésie....	19,61	32,96	26,91	13,78	19,11
Id. de fer	3,04	0,67	1,88	2,46	»
Sulfate de potasse...	traces.	»	2,98	9,09	1,84
Sel marin...........					
Silicate de potasse..	»	»	0,34	3,96	1,11
Silice	0,15	0,30	»	»	»
Charbon............	4,99	8,03	0,50	»	»
Sable					

Analyse des cendres du *Salsola tragus* (M. Guibourt, *Journal de pharmacie*, t. 26, p. 264) :

Carbonate de potasse....................	0,2904
Chlorure de potassium...................	0,1789
Sulfate de potasse......................	0,0493
Carbonate de chaux......................	0,4026
Phosphate de chaux et oxyde de fer.......	0,0788
Total...............	1,0000

On voit l'exclusion de la soude dans des plantes originairement marines et qui ont été cultivées loin de la mer.

§ 2. Des rapports entre la composition des cendres des végétaux et celle des terrains ou ils croissent.

Pour savoir jusqu'à quel point le sol fournit des composés inorganiques aux végétaux, il faut comparer les analyses de leurs cendres avec celles des terrains qui les produisent. Les travaux de MM. de Saussure et Berthier permettent d'établir cette comparaison et de déduire des conséquences qui ne peuvent manquer d'intéresser l'agriculture.

Pour apprécier l'influence des parties constituantes du sol sur les végétaux, il suffit de comparer, comme l'a fait M. de Saussure, la composition des cendres de bois de même espèce, crûs dans des terrains de nature différente. En suivant cette marche, il a trouvé que les cendres présentent souvent des différences notables dans leur composition. (*Journal de physique*, t. 51, page 9.) Les expériences ont été faites avec des végétaux venus en terrains calcaires et en terrains granitiques.

Le sol calcaire l'emporte sur l'autre par la variété des plantes et la force des végétaux. Les animaux qui se nourrissent de plantes des terrains granitiques sont plus petits, plus maigres. et fournissent moins de lait que ceux des pays calcaires, quoique recevant pour leur nourriture les mêmes plantes en égale quantité. Le lait des montagnes granitiques est moins chargé de parties butyreuses et caséeuses que celui des montagnes calcaires. De là, on doit inférer que les parties constituantes des végétaux varient dans leurs proportions. M. de Saussure, pour s'assurer jusqu'à quel point cette induction est fondée, a cueilli dans la même saison et dans le même climat des végétaux semblables, croissant sur les montagnes granitiques et calcaires de la lisière occidentale de la chaîne des Alpes compris entre la vallée de Chamounix et le Jura.

Désignation des montagnes.

1° le Breven, montagne granitique;
2° la Salle, montagne calcaire.

3° le Reculey de Thoiry, montagne calcaire qui ne renferme pas du calcaire semblable au précédent.

COMPOSITION CHIMIQUE DES ROCHES.

Breven.	
Silice	73,25
Alumine	13,25
Chaux	1,74
Oxyde de magnésie	9,00
	97,2

Pierre calcaire de la Salle.	
Silice	30
Chaux	24,36
Acide carbonique	27
Alumine	4
Oxyde de fer et de magnésie	13
	98,36

Plantes cueillies sur les deux montagnes.

Sapin élevé (*Abies excelsa*).
Mélèze (*Larix europæa*).
Rosage ferrugineux (*Rhododendron ferrugineum*).
Airelle myrtille (*Vaccinium myrtillus*).
Genièvre commun (*Juniperus communis*).

Ces végétaux ont donné, sur 100 parties, par la dessiccation à l'étuve :

	EAU.	MATIÈRE SÈCHE.
Sapin élevé calcaire	48,24	51,76
granitique	51,17	48,83
Mélèze calcaire	57,13	42,87
granitique	58,07	41,19
Rosage calcaire	52.78	47,22
granitique	59,73	40,27
Genièvre calcaire	49,45	50,55
granitique	55,19	44,81
Airelle calcaire	47,50	52,50
granitique	50,11	49,89

Ces résultats indiquent que les végétaux crus dans les

sels granitiques deviennent plus légers par leur dessiccation que ceux qui sont venus en sol calcaire. Duhamel avait déjà fait une observation semblable à l'égard des végétaux des terrains humides, qui se comportent comme les premiers. Faudrait-il en conclure que la terre des montagnes granitiques retient plus d'eau que celle des montagnes calcaires? L'expérience seule peut répondre à cette question. Quoi qu'il en soit, on voit que la qualité du sol exerce une influence sur la quantité d'eau contenue dans les végétaux. La quantité de charbon dans les deux espèces de plantes desséchées est la même; il n'en est pas ainsi à l'égard des végétaux considérés dans leur état de verdeur, car les végétaux des terrains calcaires contiennent plus de charbon que les végétaux des terrains granitiques, comme on peut le voir d'après les résultats suivants :

		Charbon.
Cent parties vertes de	Sapin calcaire contiennent.	11,11
—	— granitique.........	10,67
—	Mélèze calcaire...........	10,39
—	— granitique.........	10,16
—	Rosage calcaire...........	10,62
—	— granitique.........	9,05
—	Airelle calcaire...........	12,32
—	— granitique.........	11,96
—	Genévrier calcaire........	11,46
—	— granitique.........	10,67

Composition des cendres des végétaux des terrains calcaires et granitiques.

Les différences dans les quantités de cendres fournies par les végétaux des deux espèces de terrain sont assez petites; il paraîtrait cependant que les végétaux des terrains granitiques qui pèsent le moins après la dessiccation sont précisément ceux qui fournissent le plus de cendres. On trouvera ci-après la composition de plusieurs de ces cendres.

SUBSTANCES renfermées dans les cendres.	Pin élevé granitique.	Pin élevé calcaire siliceux.
Potasse	3,60	7,36
Chlorures et sulfates alcalins	4,24	12,63
Carbonate de chaux	46,34	51,19
Silice	13,49	6,87
Carbonate de magnésie	6,77	»
Alumine	14,86	11,95
Oxydes métalliques	10,52	10,00
Perte	0,18	
Total	100,00	100,C0

SUBSTANCES renfermées dans les cendres.	Rosage granitique.	Rosage calcaire.
Potasse et sels neutres	10,82	12,25
Carbonate de chaux	30,02	57,60
Silice	14,86	5,44
Carbonate de magnésie	5,00	0,00
Alumine	28,80	13,31
Oxyde de fer et de manganèse	8,40	11,00
Perte	2,10	0,40
Total	100,00	100,00

Ces résultats conduisent à la conséquence suivante : Les plantes des montagnes calcaires renferment plus de terre calcaire que celles venues dans les terrains granitiques, qui produisent à leur tour des plantes plus chargées de silice. On voit par là l'influence exercée par la nature du sol.

Il est à remarquer que le sol du Breven, dans la composition duquel il n'entre que des quantités presque insensibles de calcaire, donne naissance à des végétaux qui en renferment beaucoup. D'où peut donc provenir ce calcaire? Doit-on supposer, avec M. de Saussure, que le gaz acide carbonique a pris le calcaire au milieu ambiant et l'a introduit dans les plantes par l'acte de la respiration? Rien n'autorise jusqu'ici à admettre une semblable hypothèse.

Les analyses faites par M. de Saussure tendent à démontrer que les végétaux, en se décomposant, accumulent sans cesse du calcaire sur une terre siliceuse, tandis qu'ils ne fournissent point de silice à un sol purement calcaire; que, lorsque les plantes renferment de la silice, elles sont moins chargées de substances salines et de terre calcaire.

On trouvera ci-après l'analyse des cendres des terreaux granitiques et calcaires, afin de pouvoir les comparer à celles des végétaux qui y croissent.

SUBSTANCES renfermées dans les cendres.	Cendres du terreau du Pin élevé du Breven.	Cendres du terreau du Pin du Reculey de Thoiry.	Cendres du terreau du Rhododendron du Reculey.
Substances salines	»	4,57	1,85
Silice	60,50	13,71	14,27
Alumine	14,00	37,10	43,70
Calcaire	1,16	23,20	16,35
Magnésie	0,37	»	»
Oxyde de fer et de manganèse	16,00	16,10	23,83
Perte	7,97	5,32	
Total	100,00	100,00	100,00

Ces analyses montrent que l'humus provenant des mêmes plantes crues dans un sol différent n'est point identique, et que les éléments terreux dont les terreaux se composent varient avec la base qui sert de support aux terreaux. Ainsi l'humus d'un sol calcaire est plus chargé de calcaire, de même que le sol siliceux a un humus plus chargé de silice.

Les cendres des terreaux granitiques et calcaires contiennent beaucoup moins de substances salines et de carbonate calcaire que les cendres des plantes qui ont concouru à la formation de ces terreaux. Le terreau granitique paraît non-seulement contenir moins de carbonate de chaux que le terreau calcaire, mais aussi moins de substances salines que ce dernier. Les expériences de M. Berthier sur le même sujet ont conduit à des conséquences semblables : suivant cet habile chimiste, quand on compare les cendres de bois de même espèce pris dans des terrains qui ne sont pas de même nature, on voit qu'elles présentent souvent des différences très-notables, preuve que le sol a une influence sur leur composition. Il cite pour exemple la cendre de Chêne du Causse de la Roque-les-Arcs, qui n'est composé presque que de carbonate de chaux, tandis que celle d'un Chêne de la Somme contient beaucoup de magnésie et de phosphate de chaux. La cendre de Mûrier blanc des Bouches-du-Rhône contient à peine de l'acide phosphorique, tandis que celle du Mûrier blanc de Nemours en renferme au moins 0,10.

Quant aux cendres de végétaux différents venus dans le même terrain, M. Berthier a trouvé que lorsque les espèces ont de l'analogie, les cendres ont beaucoup de rapports entre elles; mais que, lorsque les végétaux sont de genres très-différents, les cendres sont aussi très-différentes.

La silice paraît être répandue généralement dans un terreau qui repose sur une montagne presque purement calcaire; cette silice est probablement apportée par les vents ou les eaux souterraines. Quant à l'alumine, quoique M. de Saussure l'ait trouvée en quantités notables dans les analyses de plusieurs cendres, néanmoins M. Berthier a constaté dans un très-grand nombre de cas qu'elle n'existe point ordinairement dans les cendres des végétaux, si ce n'est dans les sucs de certains végétaux, tels que le Bouleau, qui la renferme à l'état d'acétate. Si l'on en trouve quelquefois des traces, il est évident, suivant lui, qu'elle est due à une petite quantité d'argile qui a pu rester adhérente aux racines des plantes et se mélanger ensuite avec les cendres. Il faut attribuer probablement l'absence de cette terre à ce qu'elle est insoluble dans l'eau, et à ce qu'elle n'a que des affinités très-faibles qui ne lui permettent pas de se combiner avec des acides végétaux en présence de bases fortes, telles que la chaux, la magnésie, et les oxydes de fer et de manganèse.

La silice, qui est en petite quantité dans les cendres de bois, se trouve au contraire en une forte proportion dans celles des plantes annuelles ou bisannuelles, et particulièrement dans les cendres des céréales. Cette substance est introduite dans les végétaux à la faveur de sa solubilité dans l'eau, quand elle est à l'état naissant, et de la facilité avec laquelle elle se combine avec les alcalis.

Les acides sulfurique, chlorhydrique et phosphorique sont fournis par les engrais de tout genre.

Ces faits mettent en évidence la faculté que possèdent les plantes, de choisir dans le sol les substances qui conviennent le mieux à leur organisation spéciale. Or, les chlorures alcalins pouvant se trouver en quantités notables dans les cendres des pailles et des graines de céréales, comme on le verra dans le dernier chapitre, et la végétation étant pleine de force, ne doit-on pas considérer ces composés comme utiles à leur constitution, et d'autant plus que ce sont ceux que prennent certaines plantes de préférence à d'autres. Ce qui prouve, comme l'observe M. Berthier, que les substances qui sont fournies par le sol aux végétaux sont choisies par ceux-ci, c'est que ces substances sont réparties d'une manière fort inégale dans les différentes parties d'un même végétal : ainsi des grosses branches de Chêne ont produit 0,012 de cendres, contenant 0,15 de leur poids de sels alcalins, tandis que l'écorce du même arbre a donné 0,06 de cendres, où l'on trouve 0,05 de sels alcalins, sans acide phosphorique, et renfermant plus de 0,07 d'oxyde de manganèse. La cendre de paille de Froment se compose presque de silicate de potasse, tandis que les grains sont composés en grande partie de phosphates alcalins et terreux.

Les sels minéraux solubles sont transportés par l'eau dans les tissus des végétaux; quant aux sels insolubles dans l'eau, il n'est pas toujours facile de voir comment le transport s'effectue, attendu que leur dissolvant est parfois inconnu.

La silice, quand elle cesse de faire partie d'une combinaison, est sensiblement soluble dans l'eau. Le carbonate de chaux est soluble dans l'eau chargée de gaz acide carbonique fourni soit par l'air, soit par les détritus de matières organiques. Le phosphate de chaux est soluble dans le même liquide, ainsi que dans les solutions de sels alcalins. On a avancé aussi qu'il pourrait bien se faire que les sels insolubles qui existent dans les tissus des végétaux fussent le produit de la réaction des sels solubles apportés par l'eau.

On conçoit de la manière suivante comment les matières salines sont introduites dans des végétaux, à l'exclusion des matières tout à fait insolubles : les racines sont terminées par des organes particuliers appelés *spongioles* qui, en raison de la finesse de leurs tissus, ne laissent passer que des liquides; les spongioles sont donc de véritables filtres qui arrêtent les composés insolubles.

On a remarqué encore qu'il existe certains sels qui, bien que ne se trouvant qu'en très-faible proportion dans l'eau, ne sont pas entièrement absorbés par certaines racines; cet effet ne peut avoir lieu qu'autant qu'une portion du sel dissous abandonne l'eau au moment où elle pénètre dans le spongiole. M. de Saussure, pour mettre en évidence ce fait, qui est d'une grande importance pour la physiologie végétale, a cherché : 1° si les plantes absorbent les substances dissoutes dans le même rapport qu'elles absorbent l'eau ; 2° si les plantes font un choix parmi les différentes substances tenues en dissolution dans le même liquide.

Dans des dissolutions contenant 0,0008 de chacune des substances suivantes : chlorure de potassium, chlorure de sodium, chlorhydrate d'ammoniaque, acétate de chaux, sulfate de cuivre, sucre candi, extrait de terreau, M. de Saussure a fait plonger des plantes de *Polygonum persicaria* pourvues de leurs racines. Ces plantes vécurent à l'ombre pendant cinq semaines en développant des racines dans les dissolutions de chlorure de potassium, de chlorure de sodium, d'azotate de chaux, de sulfate de soude et d'extrait de terreau; dans les autres, elles languirent, ou moururent au bout de peu de temps. Ces résultats ont été les mêmes sur des *Bidens cannabina*.

M. de Saussure a évalué dans quelles proportions les substances dissoutes ont été absorbées relativement à l'eau.

Il arrêtait l'expérience à l'instant où les plantes avaient absorbé la moitié du liquide qui les alimentait. La moitié du liquide restant après chaque expérience était analysée, et les quantités de sels qui s'y trouvaient faisaient connaître par différence celles qui avaient pénétré dans le végétal.

En représentant par 100 la totalité de la substance dissoute, l'expérience a prouvé qu'en absorbant la moitié du volume du liquide normal, le *Polygonum* et le *Bidens* avaient absorbé :

	Absorption du Polygonum.	du Bidens.
Chlorure de potassium	15 parties.	16 parties.
Chlorure de sodium	13	15
Azotate de chaux	4	8
Sulfate de soude	14	10
Chlorhydrate d'ammoniaque	12	17
Acétate de chaux	8	8
Sucre	29	32
Gomme	9	8
Extrait de terreau	5	6
Sulfate de cuivre	47	48

Ces résultats conduisent aux conséquences suivantes : Les plantes ont aspiré l'eau dans une plus forte proportion que les matières dissoutes ; elles ont pris constamment plus de sels alcalins que de sel calcaire, fait sur lequel nous reviendrons en traitant de l'action du sel ordinaire (chlorure de sodium) sur la végétation ; plus de sucre que de gomme.

Le sulfate de cuivre, qui est un poison pour les plantes, a été absorbé en plus forte proportion, sans doute parce que, ce sel désorganisant les spongioles, l'absorption a dû se faire avec plus de vitesse et en plus grande abondance.

M. de Saussure a également opéré en faisant végéter

des plantes dans des dissolutions contenant deux ou plusieurs sels. Le tableau suivant renferme les résultats obtenus avec diverses espèces de sels ; chaque sel s'y trouve dans la proportion de $0^{gr.}$,637 de sel pour 793 grammes d'eau. L'eau contenait donc de 0^{gr},0016 à $0^{gr.}$,0024 de sel; la quantité totale de sel dissous est représentée par 100 dans chaque dissolution.

SUBSTANCES DANS LES DISSOLUTIONS SOUMISES A L'EXPÉRIENCE.	POIDS DES SUBSTANCES prises par les plantes en aspirant la moitié de la dissolution.	
	par le Polygonum.	par le Bidens.
100 parties en poids.		
Sulfate de soude effleuri....	12	7
Chlorure de sodium........	22	20
Sulfate de soude effleuri.....	12	10
Chlorure de potassium......	17	17
Acétate de chaux..........	8	5
Chlorure de potassium......	33	16
Azotate de chaux...........	4	2
Chlorhydrate d'ammoniaque.	16	15
Acétate de chaux	31	35
Sulfate de cuivre...........	34	39
Azotate de chaux	17	9
Sulfate de cuivre...........	34	56
Sulfate de soude............	6	13
Chlorure de sodium.........	10	16
Acétate de chaux...........	traces.	traces.
Gomme	26	21
Sucre.....................	34	46

On voit que les chlorures de potassium et de sodium sont toujours les sels qui sont absorbés en plus forte proportion; ce résultat relatif aux chlorures alcalins, explique pourquoi les cendres de céréales venues en terrain salé en renferment toujours des quantités plus ou moins notables. Cette prédilection des végétaux, pour telle ou telle espèce de sel, doit peut-être être attribuée à des phénomènes d'endosmose, en vertu desquels certains liquides traversent plus ou moins facilement les membranes séparatrices.

Dans beaucoup de plantes, les sels s'y trouvant dans une très-faible proportion, on a d'abord supposé que leur présence y était purement accidentelle et qu'ils ne pouvaient contribuer en rien à leur existence; mais on a fini par adopter une opinion contraire quand on a vu que, dans l'organisation animale, le phosphate de chaux, n'y entrant peut-être pas pour $\frac{1}{500}$ de la masse totale, devait jouer cependant un rôle important dans la constitution des os.

D'un autre côté, le phosphate de chaux ayant été trouvé dans les cendres de tous les végétaux examinés jusqu'ici, on n'a aucune raison pour affirmer qu'une plante puisse exister sans l'intervention de tel ou tel sel.

M. Boussingault a fait à ce sujet l'observation suivante (*Économie rurale*, etc., t. I, p. 112) : « Il est des plantes « annuelles qui, lorsqu'on les brûle, laissent plus de 10 « p. 0/0 de résidu, et celles qui sont cultivées dans un sol « privé d'une certaine dose de matières salines ou alca« lines, arrosées avec de l'eau distillée, vivent et mûris« sent, il est vrai, mais elles n'acquièrent jamais la vi« gueur que leur donne une terre fertile. » *Les matières salines sont donc indispensables à la vie végétale.* Reste à savoir quelles sont celles qui sont le plus utiles.

Les plantes maritimes ne languissent-elles pas dans une terre privée de chlorure de sodium?

La Bourrache et l'Ortie ne se plaisent-elles pas et ne réussissent-elles pas de préférence dans les lieux où elles rencontrent des azotates, et dont elles prennent une certaine quantité ?

La Vigne n'exige-t-elle pas des amendements alcalins destinés à remplacer la potasse enlevée au sol pour la formation du bitartrate de potasse, qui se trouve en plus ou moins forte proportion dans tous les vins ?

On ne saurait donc disconvenir que les alcalis, ou du moins les sels alcalins, ne soient favorables à la végétation ; mais dans quelles proportions doivent-ils se trouver pour produire les effets les plus avantageux? On ne cherche à résoudre cette question que depuis quelques années, en comparant d'une part les quantités de substances salines contenues dans la terre, avec celles qui se trouvent dans les cendres et par suite dans les produits de la végétation; de l'autre, ces mêmes quantités, avec les produits obtenus en variant les proportions des sels ajoutées au sol. Cette comparaison a été faite quelquefois avec succès, mais on a négligé les conditions qui pouvaient conduire dans tous les cas à la solution la question.

La formation des alcalis végétaux dans certaines plantes, en l'absence des bases minérales, vient ajouter une nouvelle preuve à l'appui de celles que j'ai déjà présentées en faveur de la présence des sels alcalins pour le développement des végétaux.

J'ajouterai, avec M. Liebig, que les pommes de terre qui poussent dans les caves, où elles ne trouvent ni potasse, ni soude, ni chaux, développent un alcali organique, la solanine, qui n'existe pas dans les tubercules récoltés dans la culture ordinaire.

Je citerai enfin le résultat suivant obtenu par M. Lassaigne; ce chimiste, en semant des graines sur de la fleur de soufre parfaitement lavée et arrosée avec de l'eau distillée, n'a trouvé dans les cendres des plantes ni plus ni moins de matières salines terreuses que celles contenues primitivement dans la semence.

Je crois avoir prouvé que le sol, indépendamment de ses propriétés physiques, contribue encore à l'existence des plantes, en leur fournissant les substances minérales qui sont essentielles à leur constitution.

Il ne suffit pas de démontrer qu'un sol doive toujours renfermer les engrais inorganiques indispensables à la vie des végétaux, et dont ceux-ci s'emparent en partie à chaque culture, de sorte que, au bout d'un certain laps de temps, si l'on ne les restitue pas à la terre, celle-ci se trouve épuisée; il faut encore montrer jusqu'à quel point les engrais ordinaires, dits *engrais de ferme*, satisfont à cette condition. M. Boussingault, qui a étudié cette question dans son domaine de Bechelbronn (*Économie rurale*, t. II, p. 332), a commencé par chercher la nature et la quantité des substances minérales contenues dans le fumier et considérées comme causes de la fécondité du sol. A cet effet, il a brûlé, à diverses époques de l'année, des quantités assez considérables de fumier, et l'incinération a été achevée dans un vase de platine. Voici en moyenne la composition de ces cendres :

Acides	carbonique	2,0
	phosphorique	3,0
	sulfurique	1,9
Chlore		0,6
Silice, sable et argile		66,4
Chaux		8,6
Magnésie		3,6
Oxyde de fer, alumine		6,1
Potasse et soude		7,8
		100,0

On ajoute dans cette localité une forte dose de cendres de tourbe et de plâtre, dont voici la composition :

Silice	65,5
Alumine	16,2
Chaux	6,0
Magnésie	0,6
Oxyde de fer	3,7
Potasse et soude	2,3
Acide sulfurique	5,4
Chlore	0,3
	100,0

Or, la quantité de fumier de ferme mise dans un hectare, pour chaque assolement, renferme 3272 kilog. de cendres; d'un autre côté, on répand sur la sole de Trèfle, la première année, cinq mètres cubes de cendres de tourbe et autant la deuxième année au commencement du printemps ; en tout 10 mètres cubes pesant 5000 kilog. Il s'ensuit que, dans l'espace de cinq ans, un hectare reçoit en substances minérales :

	Poids total des matières minérales.	ACIDES.		Chlore.	Chaux.	Magnésie.	Potasse et soude.	Silice et sabec.	Oxyde de fer.
		phosph.	sulfur.						
	k.	k.	k.	k.	k.	k.	k.	k.	k.
Par le fumier....	3272	98	62	20	281	118	255	2233	200
Par les cendres de tourbe.......	5000	»	270	15	300	30	115	3275	185
Somme......	8272	98	332	35	581	148	370	5608	385

Si l'on compare ces données à celles qui sont fournies par les cendres des récoltes obtenues, dont on trouvera ci-après la composition, on reconnaît que le sol reçoit, en engrais inorganiques, bien au delà des quantités enlevées par les récoltes dans le cours de l'assolement.

RÉCOLTE MOYENNE SUR UN HECTARE.	SUBST. MINÉR. dans LA RÉCOLTE.	ACIDES		CHLORE.	CHAUX.	MAGNÉSIE.	POTASSE ET SOUDE.	SILICE.
		phosphor.	sulfurique.					
	k.	k.	k.	k.	k.	k.	k.	k.
Assolement n° 1 : Pommes de terre	123,4	13,9	8,8	3,3	2,2	6,7	63,5	6,9
2ᵉ et 4ᵉ années : Froment	55,0	25,8	0,6	»	1,6	8,8	16,0	0,8
— Paille de Froment	390,7	12,0	4,0	2,4	33,2	19,6	37,2	264,0
3ᵉ année : Trèfle	310,2	19,5	7,7	8,1	76,3	19,5	81,1	16,4
5ᵉ année : Avoine	42,6	6,4	0,4	0,2	1,6	3,3	5,5	22,7
— Paille d'Avoine	65,4	1,9	2,7	3,0	5,4	1,8	18,9	26,2
Navets dérobés, demi-récolte	54,4	3,3	5,9	1,6	5,9	2,3	20,6	3,5
	1010,9	82,8	30,1	18,6	126,2	62,0	246,0	360,5
Substances minérales des engrais	8272,0	98,0	332,0	35,0	581,0	148,0	370,0	5588,0
Excès sur les substances minérales des récoltes	»	15,2	301,9	16,4	454,8	86,0	124,0	5167,5
Culture du Topinambour 1ʳᵉ et 2ᵉ années : tubercules	660,0	71,2	14,6	10,6	15,2	11,8	293,6	85,8
Matière minérale du fumier	3029,0	91,0	57,6	18,2	260,5	109,0	236,3	2011,0
Des cendres de tourbe	5000,0	»	270,0	15,0	300,5	30,0	115,0	3275,0
Matière minérale des engrais	»	91,0	327,6	33,2	560,5	139,0	351,3	5286,0
Différence en faveur des engrais	»	19,8	313,0	22,6	543,3	127,2	57,7	5202,6

Les résultats consignés dans ce tableau montrent bien que la terre reçoit en sels alcalins et terreux par les engrais, dans les proportions données par M. Boussingault, beaucoup plus que les végétaux n'en prennent, de sorte qu'elle en tient en réserve pour les cultures ultérieures. Il doit, du reste, en être toujours ainsi, attendu que les eaux, en s'infiltrant dans la terre, en enlèvent toujours une quantité plus ou moins considérable.

Je ferai remarquer que M. Boussingault considère les végétaux dans l'état où ils se trouvent quand les engrais ordinaires qui ont concouru à leur production ne renferment que la quantité de substances minérales qui leur est propre, et non lorsque cette quantité a été augmentée d'une addition de sels propres *à activer* la végétation. Dans les cas où il a expérimenté, ces végétaux ne prennent pas à la terre tous les sels alcalins et terreux qu'elle contient, j'en conviens; mais rien ne prouve que la teneur, dans certaines circonstances, ne puisse augmenter sans pour cela que les végétaux cessent d'être dans un état normal, et qu'il n'en résulte des effets favorables à leur développement.

Il serait à désirer que l'exemple donné par M. Boussingault fût suivi par les agriculteurs, qui seraient alors à même de fournir au sol, à la fin de chaque assolement, la quantité d'engrais inorganiques nécessaire pour que les récoltes suivantes pussent trouver dans la terre tous les composés organiques et inorganiques dont elles ont besoin pour être fertiles.

En suivant cette marche, le sol ne s'appauvrirait jamais, et sa fertilité non interrompue servirait à mettre en évidence les immenses avantages que retire la pratique quand elle est éclairée par la science.

CHAPITRE III.

DES ENGRAIS INORGANIQUES.

---

§ Ier — DE L'EAU.

Les végétaux prennent à l'air et à la terre les éléments dont ils ont besoin pour vivre et se développer. L'air leur fournit l'oxygène et le gaz acide carbonique, qui est décomposé sous l'influence de la lumière ; l'oxygène est rendu à l'air, tandis que le carbone est assimilé à la plante; l'air fournit probablement encore des composés ammoniacaux. Le sol leur présente les matières organiques dans un état plus ou moins avancé de décomposition, ainsi que les composés inorganiques qui interviennent dans les phénomènes de la vie végétale. L'eau, qui est l'intermédiaire indispensable de toutes les réactions, dissout les composés qui doivent servir à la nutrition du végétal; elle constitue alors la séve, qui joue le même rôle dans le règne végétal que le sang dans le règne animal. Tout ce qui tend à hâter la décomposition des matières servant à la nutrition des végétaux, et à faciliter l'absorption par les racines des dissolutions aqueuses, favorise la végétation ; tel est le rôle des engrais. En un mot, on entend par *engrais* toutes substances organiques ou inorganiques qui, ajoutées au sol, le rendent arable, soit en modifiant ses propriétés physiques, soit en réagissant chimiquement sur quelques-unes de ses parties constituantes, soit en fournissant aux végétaux les aliments dont ils ont besoin pour leur existence et leur développement. Les engrais sont donc les agents destinés à conserver et à augmenter la fécondité du sol. Sans engrais, sauf des exceptions excessivement rares, il n'y a point d'agriculture possible.

On distingue deux espèces d'engrais : *engrais inorganiques, engrais organiques ;* je commencerai par les premiers. L'eau, comme véhicule des substances alimentaires, doit être rangée parmi les engrais ; aussi la placerai-je en tête. Sans eau, une terre quelconque est impropre à la végétation. Si la terre en renferme moins de 0,10 de son poids en été, à une profondeur de $0^{m},30$, on ne peut y cultiver qu'un nombre limité de plantes. Plusieurs causes concourent à la privation d'eau : l'absence de pluie en été ; des réservoirs intérieurs d'eau à une trop grande profondeur pour fournir aux besoins de la végétation ; un sous-sol imperméable qui ne permet pas à l'eau de revenir à la surface, même lorsque les réservoirs ne sont pas à une trop grande profondeur. Toutes les eaux ne sont pas également bonnes pour la végétation. Je citerai particulièrement celles qui, étant peu aérées, prennent à la terre et aux plantes de l'oxygène ; les eaux trop chargées de carbonate ou de sulfate de chaux laissent déposer, les premières du calcaire, quand le gaz acide carbonique se dégage; les autres, du sulfate de chaux, lorsque l'eau s'évapore. Les dépôts formés encroûtent les plantes et ne tardent pas à les tuer.

Les eaux fertilisantes sont celles qui sont aérées et qui renferment en dissolution des substances reconnues comme engrais nutritifs. Pour savoir si l'eau est plus ou moins aérée, on en remplit un ballon dont on connaît la capacité, et auquel on adapte un tube recourbé rempli d'eau distillée, venant déboucher sous une cloche à mercure. On chauffe doucement le ballon jusqu'à l'ébullition, et on arrête l'opération aussitôt que les bulles cessent de passer. On mesure le gaz dégagé en tenant compte de la température ambiante et de la pression atmosphérique, et on compare le volume à celui de l'eau.

L'eau saturée d'air en renferme $\frac{1}{32}$ de son volume; cet air est plus oxygéné que celui de l'atmosphère. Si elle renferme moins de $\frac{1}{50}$ d'air, elle est peu favorable à la végétation; les eaux de puits et de neige sont dans ce cas.

Veut-on savoir si l'air recueilli renferme du gaz acide carbonique, on introduit dans l'éprouvette un fragment de potasse caustique, et on agite. Le gaz acide carbonique est absorbé par l'alcali, et sa quantité est déterminée par la différence entre le volume primitif et le volume définitif; en rapportant les observations à la même température et à la même pression atmosphérique. On constate la présence du carbonate de chaux dans l'eau, en la faisant bouillir pour chasser l'acide carbonique, à la faveur duquel il est tenu en dissolution. Le carbonate se précipite; on le recueille, on le sèche et on le pèse.

On reconnaît la présence des sulfates avec un sel de

baryte, le chlorure ou le nitrate ; celle des chlorures, avec le nitrate d'argent, en acidifiant préalablement par l'acide nitrique pour décomposer les carbonates alcalins qui donneraient également lieu à un précipité. Les précipités sont lavés, séchés et pesés ; leur poids sert à déterminer celui des sulfates et des chlorures, quand on a déterminé toutefois avant les bases. Lorsqu'on emploie le nitrate d'argent pour séparer les chlorures, au lieu de sécher et de peser le chlorure d'argent, on le recueille, on le lave, on le décompose avec une lame de zinc dans de l'eau légèrement acidulée par de l'acide sulfurique : on recueille l'argent, on le sèche au rouge, on le pèse, et son poids sert à déterminer celui du chlore.

Avec les papiers à réactifs on reconnaît si l'eau est acide ou alcaline : le papier de tournesol est rougi par les acides, le papier de curcuma par les alcalis.

La présence de la chaux est indiquée par l'oxalate d'ammoniaque, qui donne un précipité d'oxalate de chaux. On reconnaît la présence de la magnésie en versant dans l'eau de l'ammoniaque concentrée ; il se forme un dépôt blanc floconneux, en chassant toutefois le gaz acide carbonique libre. Il est très-important de constater la nature de l'eau qui humecte la terre, attendu, je le répète, qu'elle est le véhicule à l'aide duquel les parties solubles des engrais et les composés inorganiques solubles sont transportés dans les plantes pour servir à leur nutrition.

L'eau de pluie n'est pas pure ; elle contient de l'air et divers composés qu'elle a pris dans sa chute, tels que matières organiques, nitrates d'ammoniaque et de chaux, etc.

L'eau pure, ai-je déjà dit, est à peu près impropre à la végétation : Duhamel a élevé des Marronniers pendant trois ans, et un Chêne pendant huit ans, exposés à l'air, en les arrosant avec de l'eau distillée ; ces arbres n'ont pris que très-peu de développement. (*Histoire de l'Académie des sciences de Paris,* 1748.) Si l'eau est exempte de gaz acide carbonique, la plante, après les premiers développements, languit peu à peu et finit par périr.

Le carbone, qui compose en grande partie la masse des végétaux, étant insoluble dans l'eau, est fourni par l'acide carbonique de l'air, dans les phénomènes de la respiration, et par les matières organiques solubles qui sont élaborées dans les organes de la plante. Le gaz acide carbonique fourni par l'air est le composé qui donne le plus de carbone; pour s'en assurer, il suffit de faire végéter deux plantes dans du sable, et d'arroser l'une avec de l'eau distillée, l'autre avec de l'eau chargée de gaz acide carbonique : la dernière prendra plus de développement et vivra plus longtemps que la première.

Les plantes, par l'intermédiaire des feuilles, sont soumises à une exhalation aqueuse, en même temps que les racines absorbent de l'eau. La lumière est, de toutes les causes extérieures, celle qui agit avec le plus d'intensité pour exciter l'exhalation. Sennebier a observé qu'une plante placée à l'obscurité totale cesse subitement de transpirer, quoiqu'elle continue à aspirer encore pendant quelque temps par les racines. Il a trouvé en moyenne, dans un grand nombre d'expériences, que l'eau aspirée est à l'eau exhalée comme 3 est à 2, preuve qu'un tiers de l'eau aspirée reste dans le végétal. Les feuilles ont encore une autre fonction : elles s'emparent de l'eau atmosphérique ; c'est par ce moyen qu'elles se soutiennent pendant la grande chaleur de l'été.

L'eau, comme on l'a vu, est l'agent qui concourt, avec l'oxygène de l'air et la chaleur, à la germination ; elle délaye les matières déposées dans la graine, facilite leur décomposition, et les rend ainsi aptes à être transportées dans les organes de l'embryon pour son développement.

Les divers engrais retiennent ou absorbent une certaine quantité d'eau, qui est un élément important dans leur mode d'action. S'ils en renferment trop, les végétaux peuvent en souffrir; les engrais aqueux ne conviennent que dans les terrains naturellement très-secs; c'est pour ce motif que l'enfouissement des plantes vivantes produit de meilleurs effets dans les pays secs et méridionaux que dans les pays humides et septentrionaux.

Les substances minérales transportées par l'eau se déposent dans le végétal, précisément aux places où s'effectue l'évaporation, à l'exception toutefois de celles qui contribuent à la formation des malates, des citrates, en leur fournissant les bases.

Il existe cependant des cas où les sels purement minéraux sont formés dans les plantes: ainsi le collet de la Betterave, au lieu de former du sucre, produit du salpêtre ou nitrate de potasse.

L'eau, indépendamment des fonctions qu'elle remplit comme véhicule, se fixe en proportion notable dans les tissus des végétaux, ou du moins ses éléments. Cette fixation est rendue probable par le tiers d'eau absorbée qui n'est pas exhalée, par la formation des principes immédiats des plantes, la gomme, la fécule, le sucre, qui sont des composés d'eau et de carbone.

Les engrais secs, tels que le cuir, la plume, qui ne se dissolvent qu'à la longue, ont une action très-lente. Ces engrais, comme l'observe M. de Gasparin, sont excellents pour l'Olivier, qui redoute excessivement l'humidité.

Quand le sol est facilement perméable, et que l'eau

arrive en trop grande abondance, elle entraîne alors les parties solubles loin des racines rapprochées de la surface, et ne peut plus les transmettre aux végétaux.

L'eau existe sous deux états différents dans les terres et les substances organiques : à l'état de combinaison, ou simplement unie par la force de cohésion.

L'eau combinée avec les principes terreux n'est point absorbée par les racines, si ce n'est lorsque les substances organisées se décomposent ; il n'en est pas de même de l'eau interposée, qui agit continuellement dans la végétation.

La puissance d'absorption des sols dépend beaucoup de la ténuité des parties; plus elles sont divisées, plus elles produisent d'effet. La fertilité des sols et la force avec laquelle ils enlèvent l'eau à l'atmosphère sont liées l'une à l'autre; quand cette force est considérable, la plante conserve de l'humidité dans les saisons les plus sèches, et l'évaporation se trouve compensée. Pendant le jour, les vapeurs aqueuses répandues dans l'atmosphère sont absorbées par les parties intérieures du sol, et pendant la nuit les parties extérieures exercent conjointement la même action.

Les eaux de rivière, en traversant des terrains de diverse nature, se chargent des matières solubles qu'elles y rencontrent. Dans les terrains primordiaux dont les roches ne se décomposent pas, les eaux sont presque pures ; dans les terrains calcaires ou de formation gypseuse, elles prennent des sels à base de chaux ; ces eaux, en s'épanchant dans les plaines basses, y portent leur limon et leurs composés solubles.

L'eau de rivière renferme ordinairement environ $\frac{1}{32}$ de son volume d'air et $\frac{1}{50}$ de gaz acide carbonique.

Dans l'analyse des végétaux, il est très-important de ne pas confondre l'eau hygroscopique, ou l'eau interposée, avec l'eau de combinaison ou avec celle qui provient de la réaction de l'oxygène sur l'hydrogène, pendant leur décomposition. Pour éviter la confusion, on sèche la matière dans un vase ouvert, à la température de 100°, qui n'est pas suffisante pour la décomposer, en y introduisant continuellement de l'air sec. Cette opération terminée, on pèse et on incinère à la plus basse température possible ; la différence entre le poids du végétal sec et celui des cendres donne la quantité de matières volatiles enlevées.

Les substances solides enlevées au sol par l'eau, et transmises par elle aux racines, constituent la séve, liquide d'abord très-aqueux, qui perd une partie de son eau à l'état de vapeur, d'où résulte l'exhalaison aqueuse ou transpiration des plantes; quand ce liquide arrive dans les feuilles, il éprouve en outre une très-grande modification de la part de l'air sous l'influence de la lumière. La transpiration de la plante augmente avec la température, la sécheresse et l'agitation de l'air, aux dépens bien entendu de l'humidité du sol.

§ 2. DE LA CHAUX ET DES CARBONATES DE CHAUX ET DE MAGNÉSIE.

Lorsqu'une terre est trop argileuse et qu'elle conserve longtemps un excès d'eau, les végétaux ne sauraient s'y maintenir en bonne santé ; il faut alors y ajouter du sable ou un autre agent qui, en divisant la terre, permette le filtrage des eaux. Si la terre, au contraire, est trop siliceuse et ne renferme pas assez d'eau pour les besoins de la végétation, on lui fournit de l'argile, qui en retient une

certaine quantité pendant la sécheresse, pour les besoins de la végétation.

Dans le premier cas, le sable agit comme amendement ou engrais inorganique; dans le second, c'est l'argile. Le sable et l'argile sont donc des engrais, par cela même que tout corps qui modifie les propriétés physiques des terres, de manière à les rendre propres à la culture, est un engrais; ces deux substances ne sont pas les seules qui servent à amender les terres; on en compte un certain nombre parmi lesquelles je mettrai en première ligne la chaux, les carbonates de chaux et de magnésie.

La chaux, terre alcaline obtenue par la calcination de la pierre calcaire, et qu'on appelle chaux vive, en se combinant avec l'eau, constitue la chaux éteinte; dans l'un ou l'autre état, mise en contact avec une matière végétale fibreuse, il en résulte un composé en partie soluble et du gaz acide carbonique, qui se combine avec les bases libres. Avec les matières animales, du moins avec celles qui renferment des principes huileux, la chaux forme un savon insoluble. Elle s'unit aussi avec les acides d'origine animale, et réagit également sur l'albumine. Cette terre peut donc être employée avec avantage à l'état caustique, pour décomposer les matières organiques et les rendre nutritives. Là ne se borne pas son rôle. En agriculture, il y a deux moyens d'employer cet agent. Le premier consiste à former dans le champ qui doit être chaulé, à cinq ou six mètres de distance, de petits tas de chaux de vingt à trente litres de volume, que l'on recouvre avec six ou huit fois autant de terre. La chaux, en absorbant peu à peu l'eau de l'atmosphère, se délite; une fois réduite en poussière, on la mêle intimement avec la terre, et on étend le tout avec une pelle. Le second procédé a pour but de former des mélanges avec des gazons et autres matières organiques végétales. Une fois les réactions opérées, on en transporte les produits sur le terrain.

La quantité de chaux à introduire dans le sol dépend de causes locales, et surtout de la durée que l'on suppose à son action.

Dans les environs de Dunkerque, on donne au sol 40 hectolitres de chaux, tous les dix ans, par hectare; dans la Sarthe, 8 ou 10 hectolitres tous les trois ans; ce qui fait en moyenne trois hectolitres par an. Il est probable qu'après un certain laps de temps, la terre doit renfermer assez de principes calcaires pour qu'il ne soit plus nécessaire de renouveler aussi fréquemment le chaulage.

La chaux n'agit pas seulement par son action chimique sur les matières organiques, mais encore par son action mécanique. Une fois éteinte et hydratée, elle abandonne son eau de constitution pour se combiner avec l'acide carbonique de l'air, qui en renferme plusieurs dix-millièmes de son volume; au bout de quelque temps, elle est donc transformée en carbonate. On introduit ainsi, dans la terre, du carbonate de chaux dans un grand état de division qui tend à la diviser. Tant qu'elle n'est pas entièrement carbonatée, elle réagit sur les matières organiques pour les décomposer.

M. Puvis, qui envisage sous ce point de vue le chaulage, a constaté que, dans le département de l'Ain, 32 hectares de terrain qui avaient reçu 3000 hectolitres de chaux, en neuf ans, ont fini par doubler le rendement des céréales d'hiver.

Le chaulage et la fumure s'exécutent alternativement ou en même temps. Quand la terre est riche en humus, un chaulage suffit. L'opération se fait ordinairement à la fin de l'été, à l'instant où la terre est bien sèche. Quand les terres sont humides et que les eaux y ont peu d'écoulement, on n'obtient que des effets médiocres.

M. Liebig explique comme il suit le chaulage. La composition des cendres des végétaux nous apprend qu'ils ont besoin pour leur développement d'une certaine quantité d'alcali et de terre alcaline. Les céréales, par exemple, ne sauraient prospérer quand le sol ne renferme pas de silice soluble dans l'eau, qui la transporte dans les tissus; cette substance n'est soluble qu'autant qu'elle sort d'une combinaison, c'est-à-dire lorsque les silicates alcalins ou terreux sont décomposés. Or, il existe des terres qui renferment une telle quantité de silicates facilement décomposables sous les influences atmosphériques, que le sol n'est jamais privé de silice et d'autres engrais minéraux indispensables à la végétation. D'un autre côté, il y a des terres renfermant également des silicates, mais qui ne sont pas facilement décomposables; de sorte qu'il faut attendre un certain temps pour qu'elles s'enrichissent par la récolte précédente; de là l'usage des jachères, pendant lesquelles la terre se repose; mais au lieu d'un repos absolu, on peut y cultiver des pommes de terre et des navets, qui n'ont pas besoin de silice comme les céréales, et qui ne retardent pas la décomposition des silicates.

Les labours sont les moyens les plus simples et les plus économiques de faire arriver dans le sol les agents atmosphériques qui opèrent la décomposition des silicates. Cela posé, suivant M. Liebig, la chaux produit les mêmes effets. Lorsqu'on expose, dit-il, un mélange de feldspath (double silicate de potasse et d'alumine) et de chaux à une température rouge modérée, la chaux se combine avec plusieurs des éléments du feldspath. Vient-on à jeter un acide sur le tout, quand il est refroidi, non-seulement on dissout la chaux, mais encore les autres éléments du feldspath; la silice se prend en une masse gélatineuse transparente. La chaux se comporte de même à l'égard de plusieurs silicates alcalins et alumineux, lorsqu'on les laisse en contact pendant quelque temps, après les avoir humectés. Si l'on verse, ajoute M. Liebig, un lait de chaux sur de l'argile plastique délayée dans l'eau, le mélange s'épaissit instantanément. Quand on conserve ce dernier pendant quelques mois, et qu'ensuite on le traite par un acide, l'argile se prend en une masse gélatineuse, ce qui n'aurait pas lieu sans cette addition de chaux; ainsi, pendant que la chaux se combine avec les éléments qui entrent dans la composition de l'argile, celle-ci est devenue accessible à l'action du réactif; et ce qui est plus remarquable encore, c'est que la plus grande partie des alcalis qu'elle contient est mise en liberté.

Ces faits tendent effectivement à prouver que la réaction de la chaux sur l'argile, sous les influences atmosphériques, finit par séparer de l'alumine la silice, qui étant à l'état naissant, se dissout dans l'eau, et est transportée ensuite par elle dans l'intérieur des végétaux.

Le rôle que fait jouer M. Liebig à la chaux dans le chaulage, comme principe décomposant, n'est certainement pas le seul, comme on l'a vu précédemment. En admettant toutefois qu'elle se comporte ainsi, on ne saurait nier qu'elle n'agisse mécaniquement sur les terres, et chimiquement sur les composés organiques.

En l'envisageant comme agent mécanique, je suis naturellement amené à parler de la marne, dont la base principale est du calcaire, et qui, se réduisant également en poussière impalpable, sous les influences atmosphériques, possède, comme la chaux, la propriété de faciliter le filtrage des eaux dans les terres argileuses.

Marne.

La marne, qui est employée comme engrais inorganique depuis la plus haute antiquité, est un mélange en diverses proportions de carbonate de chaux et d'argile, et renferme très-fréquemment de la silice et de l'oxyde de fer. Toutes ces substances sont si intimement mélangées ensemble, qu'il est impossible de l'imiter artificiellement. Lorsque l'argile domine, la marne est dite grasse, et convient aux terres légères; si c'est la silice, la marne est maigre, et elle est employée avec avantage dans les terres fortes. La quantité du calcaire varie de 15 à 90 pour 100 de marne.

Le caractère essentiel de la marne est de se réduire en poussière, sous l'influence des agents extérieurs. Cette propriété, qui appartient aussi aux marnes les plus compactes, est due à ce que cette substance s'imbibe facilement d'eau, qui, en se congelant en hiver et augmentant par conséquent de volume, fait éclater la pierre. En marnant une terre, non-seulement on y introduit une matière qui la rend perméable à l'eau, mais encore un principe calcaire qui est nécessaire au développement des végétaux, comme l'atteste la présence de cette terre dans leurs cendres.

Davy, tout en admettant l'action physique de la marne, pense qu'elle doit jouer dans la végétation, à cause du calcaire qu'elle renferme, un rôle qu'il ne définit pas. M. Puvis prétend que le calcaire rend soluble le terreau, en se combinant avec un principe astringent analogue au tannin, avec dégagement de gaz acide carbonique. On objecte, à cette manière de voir, que le calcaire produit de bons effets dans les terrains qui ne renferment pas de principe acide.

On a avancé encore que le carbonate, en réagissant sur l'acide ulmique, produit un ulmate de chaux qui, malgré son peu de solubilité, est transporté dans les plantes, pour servir à leur nutrition. M. Liebig nie cette réaction.

Les avantages de la marne ne se bornent pas aux précédents: MM. Boussingault et Payen ont reconnu qu'elle tend encore à fournir au sol un troisième principe fertilisant de nature azotée. Cette propriété tient à deux causes: à la porosité de la plupart des marnes, ou du moins à la faculté d'absorber l'eau et les gaz, et à ce qu'elles sont souvent accompagnées de nombreux débris de corps organisés.

M. de Gasparin cite, à ce sujet, une marne de Leugny (Yonne) qui a donné à l'analyse près de 0,002 d'azote, et une autre marne 0,001. Il ne s'est pas borné à vérifier ce fait, il a cherché encore les substances solubles qui existent en proportions notables dans différentes terres. Il a constaté qu'elles renferment toujours un sel de chaux soluble, quelquefois le nitrate et le chlorure de calcium, des chlorures et des nitrates alcalins. En faisant bouillir pendant quelque temps les eaux de lavage de ces terres, il se précipite du carbonate de chaux; preuve que ce sel s'y trouvait à l'état de bicarbonate. Il pourrait se faire cependant que l'eau employée au lavage contînt de l'acide carbonique, à la faveur duquel le carbonate aurait été dissous. Il ne serait donc pas étonnant que la fertilité produite par certaines marnes fût due, non-seulement à la présence d'un sel soluble de chaux, mais encore à celle d'une matière azotée.

La marne doit rester, autant que possible, une année en tas sur la terre, pour être délitée plus facilement. On l'épanche ensuite, et on fait attention en labourant à ne pas l'enfoncer trop profondément. La quantité de marne à donner à la terre varie suivant la nature de l'une et de l'autre, et la quantité de carbonate contenue dans la marne.

M. Puvis a posé en principe que la dose doit être telle, que la quantité de carbonate de chaux fournie au sol ne dépasse pas trois pour cent de celle qui est mise en mouvement par le labour. Ce nombre est une moyenne des observations recueillies par lui. Les meilleurs sols de Flandre, dans les environs de Lille, ont donné à l'analyse de M. Berthier 1,5 pour cent de carbonate de chaux. Ceux du Tchernoyzen, en Russie, n'en contiennent pas davantage; les sols si fertiles de la vallée de Teviot, en Angleterre, en ont 4 pour cent.

On trouvera ci-après un tableau de M. Puvis, destiné à faciliter le dosage de la marne dans la pratique, suivant la richesse en carbonate de chaux et la profondeur du labour.

NOMBRE DE MÈTRES CUBES DE MARNE nécessaire SUR UN HECTARE A UNE COUCHE DE TERRE LABOURÉE d'une épaisseur de						Lorsque 100 PARTIES de MARNE contiennent en carbonate de chaux.
8 centimèt.	11 centim.	14 centim.	16 centim.	19 centimèt.	22 centim.	
244	324 3/4	405	487	568	650	10
122	162 1/2	202 1/2	243 1/2	284	325	20
81 1/3	108 1/4	135	129	189 1/3	217	30
61	81 1/4	101	122	142	162	40
49	65	81	97 1/2	113 6/10	130	50
40 7/10	54	67 1/2	81	94 6/10	108	60
35	46	58	69 1/2	81	93	70
30 1/2	40 1/2	51	61	71	81	80
27	36	45	54	63	72	90
24 4/10	32 1/2	40 1/2	49	57	65	100

Ces doses sont les moyennes déduites des résultats pratiques reconnus comme les plus avantageux ; mais M. Puvis conseille de ne pas s'y astreindre, attendu que, lorsqu'on emploie une marne très-argileuse, on peut augmenter la dose sur les terrains sablonneux et légers, tandis qu'on peut la diminuer dans les terrains secs contenant beaucoup de carbonate, surtout quand le labour est profond ; enfin dans les terres arides nouvellement défrichées et les sols très-froids, on peut obtenir de bons avantages en augmentant la proportion de marne. (Puvis, *Annales d'agriculture française*, tome XXVIII, page 334, 2e série.) On ne doit employer, par conséquent, les dosages indiqués que dans le cas où la marne est uniquement formée de carbonate de chaux.

Le marnage n'a pas une action indéfinie, attendu qu'à chaque récolte les plantes enlèvent de la chaux et que les eaux en emportent dans les parties inférieures du sol non soumises au labour. On s'aperçoit que la marne commence à ne plus être en quantité suffisante dans le sol, quand on voit croître plusieurs plantes acides, telles que les Oxalis, les Oseilles, etc. Le temps pendant lequel le marnage agit dépend de la nature des végétaux cultivés ; la composition de leurs cendres peut éclairer à cet égard, mais non servir à déterminer la quantité qui disparaît annuellement, vu que la marne exerce une action très-complexe. Effectivement on la voit tour à tour agir comme moyen mécanique pour diviser la terre, comme agent chimique pour décomposer les matières organiques ou les silicates alcalins et alumineux, dit-on ; comme corps absorbant les composés ammoniacaux, qu'elle présente en temps opportun aux végétaux ; enfin comme leur fournissant du calcaire qui est transporté dans leurs tissus par l'intermédiaire de l'eau chargée de gaz acide carbonique. M. de Gasparin, tout en adoptant les conclusions auxquelles M. Puvis est parvenu, soutient, et avec raison, que dans les évaluations précédentes il faut tenir compte du mode d'agrégation de la marne qui n'agit effectivement qu'autant qu'elle est dans un très-grand état de division. Si elle est très-lente à se déliter, la terre, quoique l'on ait suivi les prescriptions de M. Puvis, ne renfermerait pas, à l'état de mélange intime, 3 pour cent de carbonate de chaux, bien qu'on lui ait donné cette dose primitivement. Pour parer à cet inconvénient, M. de Gasparin conseille la règle pratique suivante pour s'assurer de la quantité de marne à répandre sur un terrain (*Cours d'agriculture*, tome Ier, page 640) : il faut faire fuser la marne dans l'eau, et ensuite en opérer le lavage par lévigation, afin d'enlever la partie pulvérulente qui est la seule agissante; « on détermine la quantité de « carbonate de chaux qu'elle contient, ensuite le poids d'un « mètre cube de terrain à améliorer dans son état naturel et « non pressé, d'où l'on conclut celui de la terre remuée par « les labours, sur un hectare; on multiplie ce poids par 0,55, « et on le divise par 100 : le produit indiquera le poids du « carbonate de chaux à donner, d'où il sera facile de con- « clure le poids de la marne et le nombre de mètres cubes. « Ainsi, soit une marne qui contienne 0,175 de carbonate « de chaux à l'état pulvérulent, à appliquer sur un terrain « que l'on cultive à 0,16 de profondeur, et pesant 1830 ki- « log. le mètre cube; le poids de la terre remuée sur un hec- « tare exprimé par $10000 \times 0,16 \times 1,830 = 2,940,800$ ki- « log., lesquels multipliés par 0,55 et divisés par 100, nous « donnent 16174 kilog. de carbonate de chaux. Mainte- « nant, si la marne pèse 1400 kilog. le mètre cube, chaque « mètre cube n'en contiendra que 245 kilog. Divisant

« 16174 par 245, nous avons 66, nombre de mètres cubes « à employer dans les conditions indiquées. »

La qualité d'une marne ne dépend pas seulement de la quantité de carbonate de chaux qu'elle renferme, mais encore, comme je l'ai déjà dit, de son aptitude à absorber et à conserver des composés ammoniacaux ; l'exemple suivant ne laisse aucun doute à cet égard. M. de Gasparin, ayant eu l'occasion d'examiner les qualités de diverses marnes qui lui avaient été envoyées du département du Gers, reconnut que la meilleure marne, celle qui produisait de grands effets à petites doses, contenait 0,675 de carbonate de chaux. Les autres en renfermaient de 0,66 à 0,41. On voit par là que, même dans les marnes les plus pauvres, la proportion de carbonate de chaux ne suffit pas pour expliquer la différence énorme des doses que l'on est obligé d'employer.

M. de Gasparin, s'étant rappelé que ces marnes provenaient de terrains contenant de nombreux débris fossiles, chercha si elles renfermaient des composés azotés. Les parties superficielles et pulvérulentes lui donnèrent effectivement de 1 à 1 1/2 millième d'azote, tandis que les parties compactes et internes de la meilleure marne n'en fournissent à l'analyse que des quantités insensibles.

Quelques marnes contiennent de l'acide nitrique, et toutes du bicarbonate de chaux. Les marnes se chargent donc superficiellement par absorption de composés azotés, de nitrates d'ammoniaque ou de chaux, et de bicarbonate de chaux. Pour mettre en évidence cette propriété, des terres calcinées, lessivées et réduites en poussière ont été exposées à l'air, à l'abri du vent, et humectées de temps à autre, pendant six mois; on les a ensuite lessivées de nouveau, et l'on a reconnu que la solution renfermait un sel calcaire et un composé azoté. Pendant l'espace de six mois, les terres calcaires ont donc absorbé les substances signalées par les réactifs. On voit par là qu'il se forme constamment, dans le calcaire mélangé au sol, un sel soluble de chaux qui fournit cette base aux plantes, et une matière azotée, provenant probablement de la décomposition des nitrates, ou peut-être d'une réaction dans laquelle l'azote de l'air entrerait.

En résumé, on voit que la marne fournit à la terre du carbonate de chaux dans un grand état de division, qui agit mécaniquement et chimiquement : mécaniquement, en divisant la terre, facilitant l'infiltration de l'eau et l'introduction des agents atmosphériques; chimiquement, en opérant, suivant toutes les apparences, la décomposition des silicates alcalins et alumineux, en absorbant des principes azotés, et en fournissant à la végétation du bicarbonate de chaux. Son action est donc très-complexe.

De la magnésie.

Les cendres des végétaux qui ont crû dans les terrains magnésiens renferment du carbonate de magnésie, au lieu du carbonate de chaux; cela tient à ce que les deux carbonates, jouissant de propriétés chimiques analogues, peuvent se substituer l'un à l'autre dans les combinaisons; toutefois, le carbonate de magnésie a plus d'affinité pour l'eau que l'autre carbonate, puisqu'il en absorbe 4 fois 1/2 son poids. Sa présence dans un terrain tend donc à le rendre plus frais, plus liant, plus léger et plus accessible aux agents atmosphériques. D'après les observations de Bergmann et de plusieurs agriculteurs, la magnésie entre pour une quantité notable dans la composition des meilleures terres arables. Je citerai pour exemple le limon de la vallée

Nil; celui de différents sols du Languedoc, considérés comme excellents, et qui en renferment de 0,07 à 0,12. Thaer cite une marne possédant des qualités extraordinaires qui a donné à l'analyse 0,20 de carbonate de magnésie.

§ 3. DU SULFATE DE CHAUX (GYPSE).

Le gypse ou sulfate de chaux hydraté, formé de 79,20 de sulfate de chaux et de 20,80 d'eau, est reconnu aujourd'hui, dans tous les pays de culture, comme un des plus puissants auxiliaires de la végétation, avec le concours simultané, toutefois, d'engrais organiques; il n'agit néanmoins que sur un certain nombre de plantes, particulièrement sur celles qui composent les prairies artificielles, et qui appartiennent aux Légumineuses, telles que le Trèfle, la Luzerne et le Sainfoin. Son action est à peine sensible, dit-on, sur les prairies naturelles, douteuse sur les récoltes sarclées et nulle sur les Céréales.

Les Légumineuses prennent un développement double, leurs feuilles sont plus larges, plus nombreuses et d'un vert plus foncé, comme celui des feuilles de plantes qui croissent dans les terrains salés. Cet engrais ne se comporte pas de la même manière dans tous les sols qui paraissent avoir la même composition chimique, comme on le verra plus loin.

Le gypse est répandu ordinairement sur le sol en poudre, au printemps, le matin, par un temps calme et humide, lorsque la végétation est déjà développée depuis quelque temps. Il adhère ainsi plus facilement aux feuilles. On a obtenu, dit-on, de bons effets en répandant le plâtre à l'époque du labour d'automne.

Le plâtre est employé cuit ou non cuit, sa propriété

comme engrais étant la même dans les deux cas. La dose est ordinairement de 200 à 2000 kilog. par hectare ; elle varie aussi suivant le prix de revient de cette substance.

L'action du plâtre a été étudiée par les chimistes et les agriculteurs les plus distingués, Davy, Liebig, Boussingault, de Gasparin, etc. ; je vais essayer d'analyser succinctement leurs opinions, afin de pouvoir mieux les comparer.

Des expériences ont été faites dans divers pays pour déterminer avec exactitude le chiffre des avantages résultant du plâtrage. On trouvera ci-après les résultats obtenus en Angleterre par M. Smith, dans un terrain léger ayant la craie pour sous-sol. L'épaisseur de la terre végétale variait graduellement, du milieu à chacune de ses extrémités, de $1^m,00$ à $0^m,88$. (Smith, *Annales de l'agriculture française,* t. IV, p. 68, 1re série.)

Cultures comparées du Sainfoin sur un sol plâtré et non plâtré, faites en 1792, 1793 et 1794.

NUMÉROS des expériences.	REMARQUES.	FANES SÈCHES par hectare.	GRAINES par hectare.	POIDS de la récolte totale.	RAPPORT des fanes aux graines.
		kilog.	kilog.	kilog.	
1	Récolte sur une terre végétale non plâtrée, un mètre de profondeur; sous-sol de craie.	3662	457	4119	100 : 12,5
	Récolte sur le sol contigu, ayant reçu 5^{h},38 de plâtre en avril 1794.	5959	635	6594	100 : 10.7
	Différence en faveur de la récolte plâtrée.	2297	178	2475	
2	Récolte sur la même terre végétale non plâtrée, moins profonde.	3018	268	3286	100 : 8,9
	Récolte sur le sol contigu, ayant reçu 5^{h},38 de plâtre en avril 1792.	4780	414	5194	100 : 8,7
	Différence en faveur de la récolte plâtrée.	1762	146	1908	
3	Récolte sur la même terre non plâtrée, 0,08 de profondeur.	2256	72	2328	100 : 3,2
	Récolte sur le sol contigu, ayant reçu 5^{h},58 de plâtre le 17 mai 1794.	5323	230	5553	100 : 4,3
	Différence en faveur de la récolte plâtrée.	3067	158	3225	
4	Récolte sur le sol contigu à celui n° 3, plâtré à la même dose en mai 1792.	4702	224	4926	100 : 4,8
	Différence en faveur de la récolte plâtrée depuis 2 ans.	2446	152	2598	

Ces résultats prouvent qu'en moyenne la récolte non plâtrée est à celle plâtrée dans le rapport de 100 à 231;

c'est-à-dire que celle-ci est plus que doublée, et que le rapport des graines dans les mêmes terrains est celui de 100 à 192.

Si l'on compare le poids des fanes à celui de la graine, on trouve des rapports très-différents, qu'il faut attribuer très-probablement à la profondeur de la terre végétale.

Dans la 1re expérience, où la terre végétale avait le plus d'épaisseur, le rendement en graines, dans le sol plâtré, est le plus considérable; dans la 2e il l'est moins, et dans la 3e encore moins.

				Épaisseur.
1re expérience.	635 kilog.	par hectare.......		1^m^
2^e^	id.	414	id.	0,5
3^e^	id.	230	id.	0,1

M. Smith attribue ces différences à la présence de matières organiques, qui sont naturellement plus abondantes dans la terre végétale la plus riche.

Les expériences faites sur le Trèfle blanc par M. Smith ont conduit à des résultats également décisifs.

M. de Villèle a obtenu dans le midi de la France, près de Caraman (Haute-Garonne), des résultats tout aussi probants. Il a comparé le fanage du Trèfle et du Sainfoin avant la grenaison. La culture avait lieu dans des terrains de nature différente, et les doses de plâtre variaient de 8 à 3 pour la même superficie.

Le tableau ci-joint renferme les résultats obtenus.

NATURE de LA TERRE.	NUMÉROS DES EXPÉRIENCES.	CULTURE.	PLATRE PAR HECTARE.	RÉCOLTE SÈCHE sur PRAIRIE PLATRÉE, par hectare.	RÉCOLTE SÈCHE sur PRAIRIE NON PLATRÉE par hectare.	EXCÈS de la RÉCOLTE PLATRÉE sur celle non plâtrée.	VALEUR EN ARGENT de l'excès de fourrage.	VALEUR du PLATRE EMPLOYÉ.	BÉNÉFICE résultant DU PLATRE.
			kil.	kil.	kil.	kil.			
Légère, sèche, exposée au midi, 2 à 3 décimètres de profondeur sur craie.	1	Sainfoin.	800	3500	2200	1300	52 f. 00	20 f. 00	32 f. 00
	2	Id.	300	4000	2000	2000	80 00	7 50	72 50
	3	Id.	600	3300	2100	1200	48 00	15 00	33 00
Forte, argileuse, humide, 5 décimètres de profondeur sur glaise.	4	Trèfle.	500	5000	2500	2500	100 00	12 50	87 50
	5	Id.	700	4000	1600	1600	64 00	17 50	46 50

Ces résultats confirment effectivement les conséquences déduites des expériences de Smith, puisque les récoltes des prairies plâtrées sont doublées et même triplées.

J'ai dit précédemment que le plâtre était sans action sur les Céréales ; il paraîtrait cependant que les terrains qui ne renferment pas de calcaire, et qui sont riches en terreau, donnent une augmentation de récolte avec cet amendement, qui agit alors par la chaux qu'il renferme ; l'acide carbonique du terreau opère la décomposition du sulfate de chaux, qui se change en carbonate.

Les terrains argileux, calcaires, sablonneux, et les loams, sont ceux sur lesquels le plâtre réussit le mieux. D'après M. de Gasparin, le plâtrage ne semble produire aucun effet sur les terrains d'alluvion moderne. Son action est nulle sur des terrains qui paraissent offrir la même composition. Pour en trouver la cause, il faut remonter aux principales opinions qui ont été émises touchant l'action du plâtrage, et examiner ensuite, comme l'a fait M. de Gasparin, ce qu'il y a de particulier dans la composition des plantes soumises au régime du plâtre, ainsi que la différence qu'il y a entre la composition du sol où il agit efficacement et celui où il ne produit aucun effet.

On a avancé d'abord que le plâtre calciné agissait en raison de son affinité pour l'eau fixée sur le sol et sur les feuilles; mais comme le plâtre non calciné produit également d'excellents effets, et que le plâtre calciné n'agit que sur les Légumineuses, cette explication fut abandonnée.

M. Socquet (*Mémoires de la Société d'agriculture de Lyon*, 1819) a émis l'opinion que, dans la calcination, le sulfate de chaux se changeait en partie en sulfure, et qu'il agissait comme corps désoxygénant, venant en aide à l'action solaire sur le parenchyme vert des feuilles, en vertu de laquelle ces dernières s'assimilent du carbone. La base de cette théorie ne peut être admise, attendu, d'une part, que la quantité de sulfure formée dans la calcination du plâtre est excessivement faible, et de l'autre, que le plâtre non cuit, qui ne renferme pas de sulfure, produit les mêmes effets.

MM. de Saussure et Pictet ont considéré le plâtre comme hâtant la décomposition du terreau, et favorisant ainsi la végétation. Ils ont appuyé leur manière de voir sur l'expérience suivante. Si l'on met en contact de l'eau chargée de sulfate de chaux (l'eau en dissout 1/460 de son poids) avec de la fibre ligneuse, au bout d'un certain temps il se dégage du gaz sulfide hydrique, annonçant un commencement de décomposition; il en est encore de même en versant une solution de sulfate de chaux dans de l'eau sucrée, ou qui renferme un mucilage ou de l'extrait de terreau : non-seulement il se dégage du gaz sulfide hydrique, dont la présence annonce l'existence d'un sulfure, mais encore de l'acide carbonique. S'il en était ainsi, c'est-à-dire si le plâtre avait la propriété de décomposer le terreau pour fournir plus rapidement des éléments nutritifs aux plantes, il devrait agir de la même manière sur tous les terrains renfermant du terreau, et il ne devrait pas y avoir d'exception relativement aux plantes qui ne jouissent pas du bienfait du plâtrage.

Davy donna une théorie qui eut des partisans. Il partit de ce principe, que les plantes qui croissent dans les prairies artificielles absorbent du sulfate de chaux, en vertu d'une action qui leur est propre. Il trouva effectivement par l'analyse une grande quantité de sulfate de chaux dans les cendres de Sainfoin et de Trèfle. (Davy, *Chimie agricole*, t. II, p. 76.) Il en conclut que le gypse convenait surtout aux plantes qui croissent rapidement, et qu'en son absence le tissu végétal trouverait difficilement dans le sol les matières salines nécessaires à son développement; mais cette théorie ne peut soutenir un examen sérieux.

M. Boussingault a démontré, contrairement à l'opinion de Davy, que le plâtre ne devait pas être considéré comme un aliment nécessaire aux Légumineuses, et que ce n'était point pour ce motif que l'on devait leur en donner. En analysant les cendres des récoltes de sa ferme de Bechelbronn, en 1841, il a obtenu les résultats suivants, en prenant 100 p. de cendres.

PLANTES.	ACIDES		CHLORE.	CHAUX.	MAGNÉSIE.	SOUDE ET POTASSE.	SILICE.	OXYDE DE FER, MANGANÈSE, Alumine.
	PHOSPHORIQ.	SULFURIQUE.						
Pommes de terre...	11,29	7,13	2,67	1,78	5,43	51,46	5,59	10,56
Betteraves.	6, 0	1,60	5,20	7,01	4,40	44,94	8,01	2,50
Navets et récolte dérobée.	6,07	10,84	2,94	10,84	4,27	37,86	6,43	1,29
Topinambours.....	10,79	2,21	1,60	2,30	1,79	44,48	13,00	5,21
Froment.	46,98	1,08	»	2,91	16,00	29,45	1,45	»
Paille de froment...	3,07	1,01	0,61	6,49	5,02	9,52	67,59	1,01
Avoine.	15,02	0,94	0,47	3,75	7,75	12,91	53,29	1,41
Paille d'avoine.....	2,91	4,12	4,74	8,26	2,75	28,89	40,03	2,14
Trèfle	6,38	2,48	2,61	24,59	6,31	27,11	5,23	0,30
Pois fumés.........	30,10	4,85	0,97	10,00	11,97	37,86	1,63	*trace.*
Haricots...........	26,75	1,27	0,18	5,79	11,58	49,00	1,09	Id.
Fèves.............	34,27	1,57	0,78	5,03	8,64	45,06	0,47	Id.

Ce tableau montre d'abord que les Navets, les Pommes de terre, la Paille d'avoine, contiennent plus de sulfate que le Trèfle, et que le Trèfle contient plus de chaux que toutes les plantes analysées; ce qui lui a fait admettre que la chaux était l'élément qu'il fallait fournir au Trèfle.

M. Boussingault, en supputant les quantites de substances minérales enlevées au sol par les cultures précédemment indiquées, et par hectare, a reconnu que la quantité de chaux était, pour les Pommes de terre, de 2,2 kil.; les Betteraves, de 14,0; les Navets dérobés, de demi-récolte, de 5,9; les Topinambours, de 7,6; le Froment, de 0,8; la Paille de froment, de 16,8; l'Avoine, de 1,6; la Paille d'avoine, de 5,4; le Trèfle, de 76, 3; les Pois fumés, de 3,1; les Haricots à l'état normal, de 3,2; les Fèves à l'état normal, de 3,2.

On voit quelle quantité énorme de chaux prend le Trèfle relativement aux autres plantes. Mais avant de discuter la théorie de M. Boussingault, je parlerai de celle de M. Liebig.

M. Liebig a envisagé la question du plâtrage sous un autre point de vue, en prenant pour base de son explication 1° la présence du carbonate d'ammoniaque dans l'air et dans les eaux pluviales, déjà constatée par M. de Saussure; 2° la faculté que possède le plâtre d'absorber de petites quantités de composés ammoniacaux, et de s'opposer ainsi à la volatilisation de l'eau dans les temps de sécheresse. Ceci admis, il raisonne ainsi : Le carbonate d'ammoniaque dissous dans l'eau réagit par l'effet d'une double décomposition sur le sulfate de chaux. Il se produit du carbonate de chaux et du sulfate d'ammoniaque qui n'est point volatil et dont l'action sur la végétation ne saurait être contestée.

M. Boussingault, ayant voulu se rendre compte de la valeur de cette théorie, l'a discutée comme il suit :

En admettant que les phénomènes se passent comme le

pense M. Liebig, on se demande si la quantité d'ammoniaque condensée suffit pour produire des effets aussi marqués que ceux obtenus avec le plâtrage?

Pourquoi le gypse n'améliorerait-il pas les prairies naturelles, auxquelles il présenterait également du sulfate d'ammoniaque qui leur est très-profitable, comme l'a prouvé M. Kuhlmann?

M. Boussingault a supputé comme il suit la quantité d'ammoniaque qui peut être enlevée par le plâtre aux eaux pluviales. On récolte ordinairement dans les bonnes terres 5000 kilog. de Trèfle sec par hectare fortement plâtré; le même hectare, s'il n'a pas été plâtré, n'aurait produit que 2500 kilog. Or, le Trèfle fané, provenant de plantes fanées en fleurs, contient 2 p. 0/0 d'azote; par conséquent, les 2500 kilog. de fourrage gagnés par l'intervention du plâtre en renfermeront 50 kilog., représentant 61 kilog. d'ammoniaque et 140 kilog. de carbonate de la même base. Telle est la quantité d'ammoniaque qui devrait être enlevée par le plâtre aux eaux pluviales tombant sur un hectare, et capable de fournir la quantité d'azote nécessaire pour la plus-value de la récolte.

D'un autre côté, en Alsace, depuis le plâtrage en avril, jusqu'à l'époque de la coupe, en juillet, il tombe 24 centimètres d'eau, soit pour un hectare de Trèfle 2,400,000 kilog.; en admettant que l'azote soit la cause de la plus-value de la récolte, l'eau tombée devrait contenir en poids environ 1/17000 de carbonate d'ammoniaque. Il n'est guère probable qu'il existe dans les eaux une semblable proportion de carbonate d'ammoniaque; première raison pour infirmer la théorie de M. Liebig. Lors même encore que cette proportion existerait, il faudrait expliquer pourquoi, les circonstances météorologiques restant les mêmes, des effets égaux, ou des effets proportionnels, ne se produisent pas sur les prairies naturellement couvertes de Graminées, sur les plantes sarclées ou sur le Froment.

L'objection la plus sérieuse est celle-ci : le plâtre n'agit efficacement qu'autant que le terrain a reçu préalablement une quantité convenable d'engrais organique azoté. Or, si le plâtre enlève aux eaux pluviales le carbonate d'ammoniaque qu'elles renferment, pour le changer en sulfate de la même base, ce sel une fois introduit dans le sol devrait agir indépendamment d'un autre engrais, ce qui n'a pas lieu; et cependant M. Shattenmann a prouvé que le sulfate d'ammoniaque agissait avantageusement sur les prairies naturelles, quand on l'employait seul. Les raisons mises en avant par M. Boussingault pour combattre la théorie de M. Liebig sont de nature à être prises en sérieuse considération par les agriculteurs.

M. Boussingault ne s'est pas borné à discuter la valeur de cette théorie; il a voulu étudier, par lui-même, la nature de l'action exercée par le plâtre sur les plantes sarclées et sur les Céréales, afin de la comparer à celle qui est produite à l'égard des plantes croissant dans les prairies artificielles. Les expériences qu'il a faites à ce sujet avec tout le soin possible conduisent à ce résultat déjà connu, que le plâtre est sans action sur la culture du froment, de l'avoine et du seigle.

Le plâtrage des betteraves champêtres n'a produit également aucun effet.

Nous conclurons de ce qui précède, avec M. Boussingault, que l'action du plâtre, limitée à certaines cultures, exclut nécessairement la supposition que ce sel agit en raison du sulfate d'ammoniaque qu'il fixe entre ses pores. Cela posé, il a cherché jusqu'à quel point on pouvait admettre la théorie de Davy, basée sur ce fait, que les cendres de Trèfle cultivé en terre plâtrée renferment une forte proportion de sulfate de chaux. La première chose à faire était de constater le fait.

M. Boussingault a analysé les cendres de Trèfle récolté dans sa ferme de Bechelbronn, avant et après le plâtrage. Voici les résultats obtenus : 1° en y comprenant l'acide carbonique produit pendant l'incinération ; 2° en faisant abstraction de cet acide et du charbon resté dans les cendres examinées :

SUBSTANCES CONTENUES.	RÉCOLTE EXTRAORDINAIRE de 1841. CENDRES DE TRÈFLE		RÉCOLTE PEU FAVORABLE de 1842. CENDRES DE TRÈFLE	
	non plâtré.	plâtré.	non plâtré.	plâtré.
Acide carbonique.....	14,20	22,10	21,50	26,80
Chlore...............	3,40	2,90	2,50	2,20
Acide phosphorique...	8,00	6,90	5,40	5,80
Acide sulfurique......	3,20	2,60	2,40	2,30
Chaux...............	23,70	22,40	25.40	26,70
Magnésie............	6,30	5,10	5,60	7,40
Oxyde de fer, manganèse et alumine....	1,00	0,60	0,50	*trace.*
Potasse.............	19,60	27,80	22,50	25,30
Soude..............	1,00	0,70	2,20	0,20
Silice..............	16,80	7,90	10,00	2,70
Perte et charbon.....	2,80	1,00	2,00	0,60
	100,00	100.00	100,00	100,00

Abstraction faite de l'acide carbonique et de la perte, on a :

SUBSTANCES CONTENUES.	RÉCOLTE EXTRAORDINAIRE de 1841. CENDRES DE TRÈFLE		RÉCOLTE PEU FAVORABLE de 1842. CENDRES DE TRÈFLE	
	non plâtré.	plâtré.	non plâtré.	plâtré.
Chlore	4,1	3,8	3,3	3,0
Acide phosphorique	9,7	9,0	7,1	8,2
— sulfurique	3,9	3,4	3,1	3,2
Chaux	28,5	29,4	33,2	36,7
Magnésie	7,6	6,7	7,3	10,2
Oxyde de fer, manganèse et alumine	1,2	1,0	0,6	*traces.*
Potasse	23,6	35,4	29,4	34,7
Soude	1,2	0,9	2,9	0,3
Silice	20,2	10,4	13,1	3,7
	100,0	100,0	100,0	100,0

Si l'on admet que tout l'acide sulfurique soit combiné avec la chaux, ce qui n'est pas prouvé, les cendres de Trèfle avant le plâtrage, contiennent pour 100 :

Ci. . . . . 6,0 de sulfate de chaux.

Et après le plâtrage. . . . 5,7 idem.

Ces deux résultats sont à peu près identiques, car dans des expériences de cette nature on ne peut répondre de leur valeur qu'à quelques millièmes près.

M. Boussingault, pour résoudre la question, a introduit dans la discussion deux éléments : 1° la quantité de cendre fournie par un poids donné de fourrage; 2° la quantité de fourrage donnée par une surface déterminée de terrain, avant et après le plâtrage. Voici un exemple : Deux coupes de Trèfle plâtré donnent, année commune, 5000 kilog. de fourrage fané par hectare; la même surface fauchée avant le plâtrage, et dans la même année où le Trèfle a été intercalé à la Céréale, en produirait 1100 kilog.

Or, 100 kilog. de Trèfle ont donné :

		Cendres.	Cendres privées d'acide carbonique pour 100.	Par hectare.
Trèfle non plâtré	1841	12,0	10,3	113 k.
Idem.	1842	11,2	8,8	97
Trèfle plâtré	1841	7,0	5,4	270
Idem.	1842	7,7	5,6	280

Substances minérales contenues dans le Trèfle récolté sur un hectare.

SOLS.	CHLORE.	ACIDE PHOSPHORIQUE.	ACIDE SULFURIQUE.	CHAUX.	MAGNÉSIE.	OXYDE DE FER, MANGANÈSE, ALUMINE.	POTASSE.	SOUDE.	SILICE.	CENDRES PRIVÉES D'ACIDE CARBONIQUE.
Année 1841.	kilog.	kilog.	kilog.	kilog.	kilog.	kilog.	kilog.	kilog.	kilog.	kilog.
Sols non plâtrés..	4,6	11,0	4,4	32,2	8,6	1,4	26,7	1,4	22,7	113
Sols plâtrés......	10,3	24,2	9,2	79,2	18,1	2,7	95,6	2,4	28,1	270
Année 1842.										
Sols non plâtrés..	3,0	7,0	3,0	32,2	7,1	0,6	28,6	2,8	12,7	97
Sols plâtrés......	8,4	22,9	9,0	102,8	28,5	»	97,2	0,8	10,4	280

Ces résultats montrent que, pendant les trois mois qui ont suivi le plâtrage, le Trèfle a reçu du sol des quantités considérables de substances minérales. Ces substances sont doubles et triples de ce qu'elles étaient à l'époque du plâtrage. Ainsi, si l'on représente par 1 la quantité de chacune des substances de la récolte qui n'a pas reçu de plâtre, on a pour les récoltes plâtrées :

	Chlore.	Acides phosph.	Acides sulfuriq.	Chaux.	Magnésie et oxyde métalliq.	Potasse et soude.	Silice.
1841	2,2	2,2	2,1	2,5	2,1	3,5	1
1842	2,8	3,3	3,1	3,1	3,7	3,7	1

La quantité de silice a toujours été la même. La potasse et la soude sont les substances qui s'y trouvent en plus forte proportion. La chaux assimilée depuis le plâtrage n'est pas en rapport avec l'acide sulfurique qui a été fixé. En discutant ces résultats, M. Boussingault arrive à la conclusion que le plâtre n'agit utilement sur les prairies artificielles qu'en introduisant de la chaux dans le sol. M. Rigaud de l'Isle a également fait des expériences qui tendent à prouver que le plâtre ne produit d'action que sur les sols qui ne contiennent pas une quantité suffisante de carbonate de chaux. A l'observation de M. Rigaud de l'Isle, j'opposerai celle d'Arthur Young, qui a observé de bons effets du plâtre sur les terres calcaires (t. XVI, p. 387, *de la traduction de ses œuvres*). Un autre agriculteur, M. Rieffel (*Agriculteur de l'Ouest*, t. III, p. 18), déclare que le plâtre n'agit qu'autant que le sol renferme du calcaire. Ces faits ne sont nullement favorables à la théorie de M. Boussingault, dont l'opinion est ici néanmoins d'un grand poids. Toutes les théories mises jusqu'ici en avant pour expliquer les effets du plâtre sur les prairies artificielles laissent donc beaucoup à désirer ; peut-être agit-il seulement en excitant puissamment les organes respiratoires. Il faut donc en appeler de nouveau à l'expérience pour connaître la véritable action exercée par cet agent sur les prairies artificielles.

§ 4. DES PHOSPHATES.

La présence des phosphates dans les os, qui en sont formés en grande partie, dans la matière cérébrale, qui en renferme une quantité notable, et l'existence de l'acide phosphorique dans les végétaux, lequel est nécessaire pour produire la fibrine et la caséine végétale, indiquent sur-le-champ que ces substances se trouvent dans les plantes alimentaires, et par suite dans le sol où elles croissent. Les graines des Céréales effectivement renferment des quantités assez notables de phosphates de chaux et de magnésie. M. Liebig a même affirmé que le phosphate de magnésie était indispensable pour que les graines des Céréales parvinssent à maturité.

Dans les analyses qui précèdent, on a vu que les phosphates terreux, après les sels alcalins, étaient les éléments les plus abondants des cendres d'une plante verte herbacée. Les phosphates terreux et en particulier le phosphate de chaux, qui est soluble dans de l'eau chargée d'acide carbonique, pénètrent dans les plantes à la faveur de cet acide, ou bien à l'aide du sel marin, qui facilite également sa dissolution dans l'eau.

Le phosphate de chaux se trouve dans un sol arable, soit parce qu'il fait partie de sa composition, soit parce qu'il entre dans les engrais, soit enfin parce qu'il est fourni par les fossiles d'origine animale que le terrain renferme quelquefois. Quand les engrais ne lui en donnent pas assez, on y sème des os pulvérisés, qui produisent alors des effets puissants. L'addition de phosphates est justifiée par cette observation, qu'un kilog. d'os renferme autant de phosphate que 100 kilog. de Blé, et que, si elle n'avait pas lieu, le développement de la graine des Céréales et des Légumineuses ne pourrait avoir lieu.

Les os ajoutés au sol agissent, non-seulement par leur phosphate, mais encore par la matière azotée qu'ils renferment. On en a un exemple frappant dans les effets obtenus avec le noir animal. Cependant il ne faut pas considérer les effets du phosphate privé de cette matière comme agissant toujours d'une manière très-efficace; car M. Godis, fabricant de colle, ayant employé comme engrais les résidus de sa fabrication, presque entièrement composés de phosphate de chaux, n'en a obtenu aucun bon résultat; il en a été de même de tous les agriculteurs qui en ont fait l'essai. Nous en verrons plus loin la cause.

En Angleterre on fait un grand usage, pour l'agriculture, des os réduits en poudre à l'aide de machines puissantes. Il en est de même dans plusieurs parties de l'Allemagne, le Wurtemberg, le duché de Bade, etc., etc. D'un autre côté, M. Mathieu de Dombasle et d'autres agriculteurs n'en ont obtenu aucun résultat. D'où peut donc provenir cette différence dans les effets obtenus, quand on sait que le phosphate de chaux est un des principes du sol qui doit rapporter des Céréales?

M. Darcet, qui a examiné la question sous le point de vue chimique, a émis l'opinion que les os employés comme engrais perdent par la chaleur solaire la graisse qu'ils renferment, laquelle se liquéfie. La graisse ainsi enlevée, les os deviennent plus facilement attaquables par les actions combinées de l'eau et de l'air; une partie de la gélatine se convertit en ammoniaque qui saponifie la graisse, la rend soluble dans l'eau, et devient ainsi un engrais. Ces réactions sont d'autant plus lentes que les os sont plus compactes, plus épais et plus anciens. C'est pour ce motif que les os qui contiennent, terme moyen, près de 0,40 de matières animales, forment un engrais si durable, et dont les effets sont si sûrs et si avantageux.

C'est de cette manière qu'agissent très-probablement la corne, les poils, les vieux cuirs, les débris d'animaux, etc. En réduisant les os en poudre fine, on accélère, bien entendu, les réactions dont il vient d'être question.

Les os et la poudre d'os livrés aux agriculteurs par le commerce n'ont pas tous la même valeur, vu que souvent on leur enlève une quantité plus ou moins considérable de leur matière grasse. On ne peut donc juger de leur qualité, abstraction faite de la quantité de phosphate de chaux, qu'en dosant l'azote qu'ils renferment. Le maximum d'azote contenu dans la poudre d'os est de 7,58 p. 0/0. On évalue la durée totale de son action de 10 à 25 ans. Suivant M. de Gasparin, elle commencerait à être sensible au bout de deux ans. On en met ordinairement de 15 à 40 hectolitres par hectare.

Nul doute que la présence du phosphate ne soit également indispensable à la culture des Céréales, comme le prouvent les analyses des grains; mais il faut encore que son dissolvant s'y trouve, l'eau chargée d'acide carbonique, ou contenant des sels alcalins ou ammoniacaux. Si le terrain est quartzeux, qu'il soit privé de terreau, le phosphate qu'on lui donnerait ne parviendrait qu'en très-petite quantité dans les plantes. On peut expliquer ainsi l'absence d'action des os sur différents sols.

En Angleterre, pour remédier à cet inconvénient, on rend solubles les os, en les attaquant par l'acide sulfurique. A cet effet, on mêle 20 kilog. de poudre d'os avec

10 kilog. d'acide sulfurique et 30 litres d'eau, et on agite le tout : 24 heures après, le mélange a la consistance d'une bouillie épaisse. On y ajoute 1,000 litres d'eau, et on le répand sur les champs.

Les détails dans lesquels je viens d'entrer suffisent pour montrer de quelle utilité est le phosphate de chaux pour la culture des Céréales.

§ 5. DES CARBONATES ALCALINS ET DES CENDRES.

La présence des alcalis dans les cendres des végétaux prouve, *à priori*, que les sels à base de potasse et de soude sont indispensables à la végétation, et que lorsque le sol en est privé, il faut les lui donner ; mais quels sont les sels qui conviennent le mieux ? Dans quelles proportions doit-on les employer ? Ce sont ces deux questions que je traiterai en parlant du sel (chlorure de sodium), considéré comme engrais inorganique.

M. de Saussure a trouvé que les cendres de différentes plantes renferment les quantités suivantes de potasse :

Graines de fèves	0,2245
Tiges de fèves	0,5725
Fruit du marronnier	0,5400
Paille de froment	0,1250
Grains de froment	0,1500
Tige de maïs	0,5900
Graine de maïs	0,5400
Paille d'orge	0,1600
Grain d'orge	0,1800

Or, comme M. de Gasparin l'observe (*Traité d'agriculture*, t. Ier, p. 99), la Paille de froment produisant 0,07 de cendres, dont 0,0069 de soude ou de potasse, le Grain de froment 0,024 de cendres et 0,007 d'alcalis, il s'ensuit que 20 hectolitres récoltés sur un hectare produisant

1600 kilog. de graines et environ 3200 kilog. de paille, on a, savoir :

Pour le grain........	11 k.	20 d'alcali.
Pour la paille........	22	10
	33	30

Ainsi voilà un hectare ensemencé en Froment qui a pris au sol, en une année, 33 kil. 30 de potasse. Ces données conduisent à cet autre résultat, qu'un hectolitre de Blé, en y comprenant la paille, enlève à la terre $1^{kil.},76$ d'alcali.

D'un autre côté, cette récolte absorbe $2^{kil.},96$ d'azote, qui exige, pour cela, 740 kilog. de fumier. Or, d'après M. Boussingault, le fumier de ferme renfermant 5 millièmes de potasse et de soude, les 740 kilog. représenteront $3^{kil.},7$ d'alcali fixe, c'est-à-dire, plus qu'il n'en faut pour les besoins de la végétation; mais il faut ajouter que le fumier analysé par M. Boussingault renfermait, outre les résidus des récoltes, des cendres de tourbe qui contiennent des quantités assez notables d'alcali. Au moyen des bases que je viens d'indiquer, on pourra toujours s'assurer si le fumier renferme tout l'alcali nécessaire pour les besoins de la végétation. Il suffira d'en incinérer un poids donné; de lessiver, et de faire l'analyse de la lessive. Si l'on trouvait une dose moins forte que celle qui est nécessaire, alors on ajouterait au fumier la quantité voulue d'alcali ou d'un sel capable de la lui donner.

La quantité d'alcali qu'enlèvent sans cesse à la terre les forêts est également énorme! D'où peut-elle donc provenir? La formation spontanée des alcalis n'étant point admissible, il faut aller chercher dans le sol les éléments nécessaires à la végétation, ou dans les engrais. Certaines roches, en se décomposant sous les influences atmosphériques, telles que celles à base de feldspath, les basaltes, les schistes argileux, etc., en fournissent au sol des quantités notables. En effet, d'après les expériences de Liebig (*Cours d'agriculture*, t. I, p. 102, de Gasparin), les klingsteins et les basaltes renferment de 0,75 à 3 pour cent de potasse, et de 5 à 7 pour cent de soude, les schistes argileux, de 2,71 à 3,31 de potasse; la terre glaise, de 1 et demi à 4 pour cent de potasse.

Si, en partant du poids spécifique de ces diverses roches, on calcule combien de potasse est contenue dans un terrain qui provient de la désagrégation d'une couche de roche ayant une hauteur de 0,51 et une superficie de 2500 mètres carrés (un quart d'hectare), on trouve :

Terrain provenant	du feldspath	576,000 kil.
	de klingstein...........	100,000 à 200,000
	de basalte..............	22,750 à 37,500
	de schiste argileux......	50,000 à 100,000
	de glaise................	45,000 à 150,000

D'après ce calcul approximatif, ces divers terrains tiennent en réserve de l'alcali pour un grand nombre de récoltes : en prenant pour base les 33 kilog. enlevés du sol par la récolte en Froment d'un hectare, un terrain de glaise de la même étendue en tiendrait 174000 kilog., c'est-à-dire, de quoi fournir à 5576 récoltes.

M. de Gasparin a fait une observation sur ce mode d'évaluation : M. Liebig prend pour une des bases de son évaluation une profondeur de sol arable égale à $0^{m},54$. Or, jamais on ne remue la terre à cette profondeur pour la culture des Céréales; mais n'en remuerait-on que jusqu'à un tiers de cette profondeur, on aurait encore de la potasse pour servir aux récoltes pendant un grand nombre de siècles.

Comment les roches précédemment citées se décomposent-elles sous les influences atmosphériques? MM. Berthier, Fournet, qui ont étudié cette question, ont avancé cette opinion : le premier, que, dans la décomposition du feldspath sous les influences atmosphériques, le silicate de potasse se change en carbonate de potasse, qui est enlevé par les eaux, et en silicate d'alumine; le second, que les roches ignées éprouvent les mêmes effets, en raison de l'action exercée sur les eaux chargées d'acide carbonique, qui, ayant plus d'affinité que la silice pour les plus fortes bases, s'emparent de celles-ci et isolent la silice. Il faut conclure, de ce mode d'action, que les terres arables provenant de la décomposition des roches ne contiennent pas, à beaucoup près, tout l'alcali qu'elles renfermaient avant leur décomposition, puisqu'une partie a dû être enlevée par les eaux; néanmoins elles en fournissent encore en abondance à la végétation. C'est à cette cause qu'il faut attribuer une grande partie de la fécondité de la Limagne.

La terre peut, indépendamment des engrais et de la cause que je viens d'indiquer, recevoir encore de la potasse, au moyen de la vapeur d'eau répandue dans l'atmosphère, laquelle entraîne avec elle des matières fixes, le sel marin, etc., qui s'y rencontrent accidentellement. Les sels et autres matières qui se trouvent dans la mer sont emportés aussi avec les gouttelettes d'eau qui les tiennent en dissolution par les vents, dans l'intérieur des continents, et puis déposés sur les terres, auxquelles ils fournissent les sels alcalins dont elles ont besoin pour la culture des Céréales.

En général, dans les terres fertiles, la potasse ne s'y trouve qu'en très-petite proportion; il y en a qui n'en renferment qu'à peine un millième. Partout où l'on dépose de la potasse en certaine quantité, la végétation se développe rapidement. Ne voit-on pas pousser l'herbe avec force sur de très-légères couches de terre attenant à des granites en décomposition, ou bien lorsqu'on arrose la terre avec une lessive alcaline, quoique le sous-sol soit pourvu de carbone et d'azote. La quantité de potasse doit se trouver toutefois en petite proportion dans l'eau, afin qu'elle n'agisse pas comme un caustique.

Ce que je viens de dire de la potasse s'applique à la soude, puisque celle-ci remplace la première dans la composition d'un grand nombre de plantes ; ainsi les plantes cultivées loin des côtes renferment de la potasse, au lieu de soude ; il en est de même des céréales cultivées dans des terres salées, comme on le verra dans le dernier chapitre.

Les cendres qui proviennent du bois ou de la tourbe sont employées lessivées ou non lessivées; elles agissent sur les plantes en raison de leur composition.

Dans les cendres de bois, on trouve, indépendamment de la silice, du phosphate et du carbonate de chaux, des sulfates, phosphates et carbonates alcalins qui ne peuvent manquer d'agir favorablement sur les plantes, parce qu'elles renferment les principes dont celles-ci ont besoin pour vivre et croître ; leur efficacité est telle, qu'elle n'a pas échappé aux peuplades sauvages en Amérique et en Afrique, qui brûlent leurs forêts pour se procurer, par les cendres, un engrais précieux. Dans les sols graveleux on répand ordinairement, en Angleterre, 35 hectolitres de cendres par hectare.

Les cendres lessivées, quoique ayant perdu une grande partie de leurs sels solubles, sont néanmoins encore recherchées par les agriculteurs. On en répand de 40 à 60 hectolitres par hectare, à la manière de la chaux. Elles agissent pendant une dizaine d'années.

Les cendres de tourbe agissent en raison de leur composition. Voici l'analyse de plusieurs de ces cendres.

Tourbe de Voitsmara (frontière de la Bavière et de la Bohême).

Analyse de M. Filkenscher.

Silice	36	50
Alumine	17	30
Oxyde de fer	33	00
Chaux	2	00
Magnésie	3	50
Sulfate de chaux	4	50
Chlorure de calcium	0	50
Charbon échappé à l'incinération	2	70
	100	00

Tourbe des environs de Troyes.

Acide carbonique et soufre	23	00
Chaux	23	00
Magnésie	14	00
Alumine, oxyde de fer	14	00
Argile et silice	26	00
	100	00

Tourbe de Vassy (Marne).

Argile	55	00
Carbonate de chaux	55	50
Sulfate de chaux	26	00
Oxyde de fer	14	50
	100	00

Tourbe du Champ de Feu près de Framont (Vosges).

Silice	40	00
Alumine, oxyde de fer	30	00
Chaux	30	00
	100	00

Tourbe d'une localité du Bas-Rhin.

Silice et sable	65	50
Alumine	16	20

Chaux	6	00
Magnésie	0	60
Oxyde de fer	3	70
Potasse et soude	2	30
Acide sulfurique	5	40
Chlore	0	30
	100	00

Ces analyses montrent que les cendres de tourbe n'ont pas toutes, à beaucoup près, la même composition, ce qui explique leur différence d'action dans leur emploi comme engrais. Lorsqu'elles renferment du sulfate de chaux, comme celles de la tourbe de Vassy, elles servent avantageusement au plâtrage des prairies artificielles.

Quand les tourbes sont très-pyriteuses, leurs cendres renferment alors du sulfure de fer, non détruit entièrement dans la combustion, et qui se changeant, peu à peu, en sulfate de fer, introduit dans la végétation un composé qui peut être nuisible ; aussi cette espèce de cendres, dont la couleur est rouge, est-elle employée avec circonspection. Les cendres de tourbe prisées en agriculture sont blanches et légères.

Les cendres de tourbe de bonne qualité sont très-recherchées, parce qu'elles conviennent à la plupart des cultures, la chaux s'y trouvant en partie à l'état caustique, et en partie combinée avec l'acide carbonique, et dans un très-grand état de division. Ces cendres conviennent donc au chaulage et au marnage; l'argile calcinée qu'elles renferment, cessant alors de faire pâte avec l'eau, sert efficacement, dans les terres humides, pour faciliter le filtrage des eaux ; elles agissent enfin efficacement par la silice rendue gélatineuse dans la réaction des alcalis pendant la combustion, et par les sels alcalins qu'elles renferment.

Quant aux cendres de houille, il faut en connaître la composition pour savoir jusqu'à quel point elles peuvent produire de bons effets.

Voici celle d'une très-bonne houille de Saint-Étienne :

Argile inattaquable par les acides...	62
Alumine........................	5
Chaux	6
Magnésie.......................	8
Oxyde de manganèse..............	3
Oxyde et sulfure de fer...........	16
	100

Les cendres de houille ne renferment souvent que des traces de sels alcalins; d'autres fois elles en renferment des quantités assez notables. La grande proportion d'argile calcinée que donnent à l'analyse les cendres de la houille de Saint-Étienne, indique qu'elles peuvent être employées avec succès comme amendement dans les terres argileuses. Dans les départements du nord, on se procure à grands frais des cendres pyriteuses, cendres rouges imprégnées de sulfate de fer, pour être employées comme engrais minéral. Ces cendres reviennent en moyenne à 3 francs l'hectolitre, et on en met de 4 à 8 par hectare sur les prairies et les pâtures; pour les prairies artificielles, la dose est plus forte.

On attribue à trois causes les effets produits par ces cendres : 1° à leur couleur foncée et terne qui leur donne un grand pouvoir absorbant pour la chaleur ; 2° au sulfure de fer qui éprouve une combustion ; 3° aux sulfates de fer et d'alumine; la réaction de ces sels sur les sels calcaires produit du sulfate de chaux et un dégagement de gaz acide carbonique.

§ 6. DE L'ACTION DES COMPOSÉS FERRUGINEUX SUR LES VÉGÉTAUX, ET DE SON APPLICATION AU TRAITEMENT DE LA CHLOROSE ET DE LA DÉBILITÉ DES PLANTES.

Les composés solubles de fer, d'après les expériences de M. E. Gris, peuvent servir avantageusement à traiter les affections pathologiques appelées débilité, étiolement, chlorose, ictère, phthisie végétale et consomption. Ces composés se comporteraient donc, relativement aux végétaux, comme à l'égard du principe colorant du sang dans les affections de même genre. Si l'on administre aux plantes malades des arrosements au chlorure ou au sulfate de fer, huit ou quinze jours après, elles commencent à se ranimer; les nouvelles feuilles s'épanouissent vertes et vigoureuses; le plus souvent la chlorophylle des anciennes feuilles chlorosées verdit d'abord sur les principales nervures, puis enfin sur toute la surface du limbe, et alors la plante est guérie.

Une des feuilles de la plante soumise au traitement, plongée dans une infusion de noix de galle préparée à l'eau distillée, finit par brunir; une feuille de la même plante non soumise au traitement, plongée dans une semblable infusion, brunit, mais moins promptement.

Le chlorure de fer agit plus énergiquement que le sulfate. M. E. Gris a soumis successivement à l'expérience les Calcéolaires, les Hortensias, les Héliotropes, les Orangers, les Camélias, etc.; toujours avec le même succès. La couleur des pétales des Pensées, qui s'affaiblit quelquefois en même temps que celle des feuilles, s'avive comme la chlorophylle.

M. E. Gris administre comme il suit le traitement : La plante est débarrassée de ses feuilles et de ses rameaux morts ou desséchés ; « puis je fais, dit-il, dissoudre à froid « huit grammes de protoxyde de fer, dans un litre d'eau « (quand la plante est ligneuse, j'emploie 16, 20, 24 gr. par « litre d'eau ; pour les Bruyères, la dissolution doit être ex- « trêmement étendue). La plante, selon lui, en état d'al- « tération plus ou moins avancé, est placée à demi-soleil, « ou à l'ombre quand elle est malade ; la terre du pot est « entretenue légèrement humide avec de l'eau ordinaire. « Si cette terre était sèche, il faudrait que la solution fer- « rugineuse fût plus étendue ; puis la plante en question « est arrosée, tous les cinq ou six jours, avec plus ou moins « de la dissolution indiquée ci-dessus, selon la force du « végétal ; 40 ou 60 gr. pour une Calcéolaire, et au delà. « Plus le végétal sera délicat, plus il exigera de précaution « pour les arrosements. Les primevères, par exemple, sup- « porteront sans souffrir une eau ferrugineuse plus con- « centrée et des arrosements plus souvent répétés. Deux, « trois, quatre, cinq arrosements suffiront ordinairement. « Parfois, il faut les continuer plus longtemps ; mais ce « cas est rare. »

On peut tenter ces expériences en toutes saisons dans les serres. Elles paraissent avoir plus de chances de succès au printemps.

Il est possible qu'une très-petite quantité de sulfate de fer soit absorbée sans décomposition par la plante ; mais la plus grande partie passe, par le contact de l'air, à l'état de sous-sulfate de sesquioxyde.

M. Gris considère le sulfate de fer comme un engrais stimulant, ne présentant point de danger dans son emploi bien entendu, et dont l'action est manifeste sur le principe colorant de la feuille. En traitant par l'eau distillée bouillante quelques feuilles et quelques ramilles d'une variété de

Cineraria, qui avait été soumise aux arrosements ferrugineux, l'infusion a donné un précipité très-faible par la baryte, et point de précipité bleu par le prussiate de potasse ferrugineux. De là on peut inférer que le sulfate de fer a été décomposé, en grande partie, et que le fer a passé à l'état de peroxyde. Si l'on verse effectivement sur ces mêmes feuilles quelques gouttes d'acide sulfurique étendu, elles prennent, sur-le-champ, une teinte bleuâtre qui finit par passer au bleu; preuve que l'oxyde de fer se trouvait dans les feuilles.

M. E. Gris a appliqué avec succès les sels de fer aux Mûriers, Figuiers, Pêchers, Poiriers, jeunes Tilleuls, Acacias, etc.; et sans succès, par une grande sécheresse, aux Céréales, aux prairies naturelles et artificielles.

Dans des essais faits en petit, le blé soumis au régime du fer avait une avance de huit ou dix jours sur celui qui avait été semé le même jour, et qui n'avait pas reçu de stimulant; il avait un aspect plus vigoureux.

M. E. Gris a constaté l'action spéciale des sels de fer sans l'intermédiaire du sol, en opérant comme il suit : on asperge les feuilles des plantes avec un arrosoir à pomme rempli d'une très-faible dissolution de sulfate de fer (deux grammes de sulfate ou de chlorure de fer par litre d'eau). On répète l'opération deux ou trois fois, à six ou huit jours d'intervalle, en choisissant autant que possible un temps chaud, mais sombre.

Les Poiriers chlorosés se rétablissent beaucoup plus promptement par ce procédé que par les arrosements ferrugineux donnés seulement à leur pied.

En général, l'action des ferrugineux sur le limbe de la feuille est locale, c'est-à-dire que le point seul du limbe en contact avec la dissolution reverdit avec plus ou moins d'intensité.

Des feuilles de la même plante qui n'ont été mouillées que d'un seul côté, à partir de la nervure médiane, se colorent d'un côté, tandis que l'autre est plus ou moins pâle. La Vigne, le Framboisier, etc., peuvent servir à cette expérience. En quatre ou cinq jours, par un temps chaud, on s'aperçoit quelquefois de l'effet produit. Quand l'absorption du sel n'a point lieu, il se forme un dépôt de rouille sur la surface du limbe. Il existe des conditions atmosphériques qui favorisent l'absorption du sel.

On peut résumer comme il suit les faits observés par M. E. Gris :

1° Les composés ferrugineux solubles absorbés, soit par les spongioles radicellaires de la plante, soit par les pores épidermiques de ses feuilles, stimulent, revivifient la chromule, comme ils revivifient l'hémasosine du sang.

2° Ces composés fortifient, raniment la plante languissante et débile, comme l'animal débile et languissant.

3° L'action du fer est très-probablement identique dans les deux règnes.

4° L'animation de la chromule sous l'influence des ferrugineux absorbés par les pores de la feuille, prouve avec la dernière évidence que l'action de ces composés est spéciale et tout à fait indépendante du sol.

5° Que les stimulants salins employés en agriculture (sans contester leur utile influence sur la plante normale) sont impuissants pour produire sur la plante languissante et chlorosée les effets obtenus avec les sels de fer solubles.

6° Que les ferrugineux solubles stimulent très-avantageusement la végétation de la plante à l'état normal ; que cependant leur facile décomposition, sous l'influence de l'air, demande pour leur application à la grande culture des précautions et des conditions particulières.

CHAPITRE IV.

DES ENGRAIS ORGANIQUES; DES SELS AMMONIACAUX ET DES NITRATES.

---

§ 1. DES ENGRAIS ORGANIQUES EN GÉNÉRAL.

Les végétaux trouvent bien dans l'air tous les éléments nécessaires pour vivre et s'accroître, mais ces éléments n'y sont jamais en quantités suffisantes pour qu'ils y prennent un développement qui réponde à l'attente de l'agriculteur; on n'atteint ce but qu'en leur présentant dans le sol, non-seulement des substances d'origine minérale, mais encore des substances organiques, qui constituent les engrais nutritifs proprement dits.

Or, les éléments essentiels à la vie végétale, sont :

1° L'oxygène; la vie effectivement s'éteint dans les milieux qui en sont privés.

2° L'eau; sans elle, il n'y a point de végétation.

3° L'acide carbonique dissous dans l'eau; quand les

racines aspirent de l'eau distillée, la vie s'éteint peu à peu.

L'oxygène et l'acide carbonique seraient impuissants, si le milieu ambiant était privé d'eau, c'est-à-dire si l'air était parfaitement sec. L'eau est donc un élément indispensable à la vie végétale.

L'acide carbonique absorbé par les feuilles et décomposé par elles, dans le phénomène de la respiration, ne suffit pas pour fournir aux plantes tout le carbone dont elles ont besoin : il faut encore que le même acide, absorbé par les racines, leur en fournisse une forte proportion.

4° L'azote; ce principe se trouve dans l'air que contient l'eau absorbée par les racines; il est aussi au nombre des composés azotés que renferme cette même eau. On le considère comme un principe indispensable, parce qu'il fait partie des végétaux, et qu'il est, en réalité, la base des engrais les plus énergiques.

Ces quatre principes seraient sans effet s'ils n'étaient pas mis en action par la chaleur et la lumière.

Les végétaux donnent encore à l'analyse, indépendamment des substances gazeuses précédemment mentionnées, des matières dans lesquelles le carbone et l'eau entrent comme principes composants, savoir : les fécules, la gomme, les sucres, etc.; les acides ulmique, acétique, gallique; des substances dans lesquelles entrent le carbone, l'oxygène et l'hydrogène combinés dans les proportions voulues pour faire de l'eau et un excédant d'hydrogène, comme les résines, les huiles essentielles, etc.; enfin, des composés azotés, renfermant un excédant d'azote, tels que l'acide hydrocyanique, le gluten, etc.

Si nous reprenons chacun des principes élémentaires des végétaux, pour faire connaître la manière la plus avantageuse de les leur présenter, nous voyons que l'oxygène existe dans l'air; que la nature et l'art leur fournissent l'eau nécessaire pour leur alimentation; que l'acide carbonique provient de l'air et des végétaux en décomposition, et l'azote des composés ammoniacaux. Ces matières, suivant leur richesse en azote, constituent des engrais plus ou moins précieux, recherchés dans tous les pays de culture, en raison même de la richesse qu'elles y apportent. On peut formuler ainsi, à l'exemple de M. Payen, le principe nutritif provenant des débris des matières animales :

Les engrais ont d'autant plus de valeur que la proportion des substances organiques azotées est plus forte et domine, surtout relativement à celle des matières organiques non azotées, et que la décomposition des substances quaternaires s'opère graduellement, et suit même les progrès de la végétation.

Quand les plantes trouvent dans le sol quelques-unes de ces substances toutes formées; elles en reçoivent de très-bons effets. M. Chevreul a émis l'opinion qu'il pourrait se faire que le sang employé comme engrais ne fût pas entièrement décomposé, et qu'une partie fût absorbée sans avoir été complétement décomposée. Cette substance n'est peut-être pas la seule qui soit dans ce cas.

Dans un certain nombre de composés, l'azote se trouve retenu dans des tissus qui offrent de la résistance, de sorte qu'il ne peut servir à l'alimentation immédiate qu'autant que ces tissus ont été décomposés: cette décomposition demande plus ou moins de temps à s'opérer ; de là une grande différence entre les engrais qui peuvent céder sur-le-champ aux végétaux leurs principes azotés, comme les composés ammoniacaux et ceux qui, étant emprisonnés dans les tissus, dans les os, n'abandonnent qu'extrêmement lentement ces mêmes principes.

La quantité absolue d'azote contenue dans un engrais ne suffit donc pas pour constituer sa qualité; il faut encore avoir égard à son mode d'agrégation avec les matières non azotées, et à la facilité avec laquelle s'opère la désagrégation. L'expérience pratique peut seule éclairer à cet égard; cependant il y a des préparations préalables destinées à accélérer ou à ralentir l'action des engrais, et qui varient avec leur nature; ainsi le broiement des os hâte beaucoup le dégagement des matières azotées renfermées dans leurs cellules; les matières fécales desséchées perdent assez promptement leurs composés azotés; mais si on les mêle avec du charbon, celui-ci s'en empare, et ne les cède ensuite que lentement aux végétaux.

Je me borne à indiquer les principes généraux sur lesquels reposent les propriétés des engrais azotés, ne voulant point décrire chacun d'eux en particulier, ni faire connaître les avantages plus ou moins grands que l'on retire de leur emploi pour telle ou telle culture; j'en excepte toutefois les nitrates et les sels ammoniacaux, qui se rattachent plus particulièrement à mon sujet.

§ 2. DES NITRATES ET DES SELS AMMONIACAUX.

L'azote étant un des principes les plus actifs des engrais, on doit s'attacher à rechercher les divers états dans lesquels il doit être présenté aux végétaux pour obtenir les meilleurs effets possibles. L'ammoniaque résultant de la décomposition des matières organiques azotées, et l'acide nitrique qui se forme dans un grand nombre de cas par l'oxydation de l'azote, ont dû nécessairement attirer l'attention des agriculteurs, qui, voyant les bons effets produits par les matières azotées, durent penser que les composés renfermant l'un de ces principes, ou les deux à la fois, pouvaient remplacer les engrais, et qu'il ne s'agissait plus que de se les procurer à des prix très-bas.

Je parlerai d'abord des nitrates, particulièrement de ceux à base de potasse, de soude ou de chaux, les seuls qui aient été soumis à l'expérience, et dont on ait obtenu de bons effets.

M. Lecoq a reconnu des propriétés très-énergiques aux nitrates, de même que M. Vilmorin, qui a remarqué en outre que les Graminées s'en trouvaient mieux que les Légumineuses.

M. Kuhlmann, auquel on doit des études suivies et bien dirigées sur l'action des engrais minéraux, a fait l'épreuve du nitrate de soude sur une prairie des environs de Lille. Ce sel était dissous dans une proportion d'eau telle, que l'on pouvait en répandre 320 hectolitres par hectare; les effets obtenus ont été comparés avec ceux qu'avait donnés la terre sans engrais.

QUANTITÉ D'ENGRAIS.	RÉCOLTE DE FOIN.	AZOTE de la récolte.	AZOTE DU SOL.	AZOTE de l'engrais.	AZOTE TOTAL.	ALIQUOTE D'AZOTE absorbée par la récolte.
	kil.					
Point d'engrais. .	4000	40,0	100	00,00	100	0,40
133 kilog. de nitrate de soude.	4800	48,0	100	22,00	122	0,39
266 kilog. idem.	5723	57,2	100	44,00	144	0,40

La quantité d'azote absorbée est la même dans les trois cas; c'est aussi celle des récoltes de Froment, c'est-à-dire les 0,40 de l'engrais employé. M. de Gasparin en infère que le nitrate ne se décompose pas rapidement, et qu'il se comporte à cet égard comme les autres engrais. Néanmoins, il y a une différence essentielle entre ces derniers, qui ne renferment que très-peu de matières solubles, et les premiers, qui sont entièrement solubles, et peuvent être enlevés plus ou moins promptement par les eaux pluviales, et ne jamais reparaître à la surface si le sous-sol est perméable. On ne peut donc réellement établir de comparaison relativement à tous les sols, entre la quantité d'azote enlevée et celle qu'ils contiennent, à moins de tenir compte de la perméabilité du sol.

Les résultats indiquent bien une augmentation dans les produits; mais cette augmentation, en raison du prix actuel du nitrate, ne présenterait aucun avantage, puisque la recette et la dépense ne se compenseraient même pas. Néanmoins, il était important de signaler l'effet produit par les nitrates, indépendamment de leur valeur numérique.

M. Chaterley a également expérimenté en Angleterre avec les nitrates de soude et de potasse, mais sur une superficie d'un hectare. (*Journal d'agriculture pratique*, t. IV, fol. 489.) Voici les résultats de ses expériences :

QUANTITÉ D'ENGRAIS.	RÉCOLTE du Ffroment.	AZOTE du Grain.	RÉCOLTE de la Paille.	AZOTE de la Paille.	AZOTE TOTAL de la récolte.	AZOTE du sol.	AZOTE de l'engrais.	AZOTE TOTAL de la terre.	QUANTITÉ D'AZOTE absorbée par l'engrais.
	k.	k.							
Point d'engrais.	1507	50,32	2115	10,30	60,68	151,70	00,00	151,70	0,40
103 k. de nitrate de soude.	1762	67,83	2299	11,26	79,09	151,70	17,01	178,71	0,44
103 k. de nitrate de potasse.	1748	67,29	2199	10,77	78,06	151,70	14,27	161,97	0,47

On voit encore ici une augmentation dans les produits. Ces résultats tendent à montrer qu'il y a une plus grande quantité de nitrate décomposé que dans l'expérience précédente.

Passons aux sels ammoniacaux. Ces sels, mêlés à la terre, produisent des effets remarquables, comme le démontrent les expériences de MM. Schattenmann et Kuhlmann.

M. Schattenmann arrose le sol avec une dissolution de chlorhydrate ou de sulfate d'ammoniaque, marquant 1° à l'aréomètre de Baumé, à la dose de 100 hectolitres par hectare. Le Blé et les prairies soumises à ce régime donnent des produits doubles, tandis que les fourrages de la famille des Légumineuses n'éprouvent point d'effets marqués. Le sulfate de chaux produit des effets inverses.

M. Boussingault, voulant se rendre compte des résultats obtenus par M. Schattenmann, s'est livré à la discussion suivante :

100 gerbes de Blé contiennent 800 gr. d'azote.
Les cendres ont donné 42 gr. d'acide sulfurique,
2,29 de chlore.

Or, 800 gr. d'azote transformés en ammoniaque exigeraient pour la saturation 2056 parties de chlore et 2264 d'acide sulfurique; dès lors l'azote n'est point absorbé à l'état de sulfate ou de chlorhydrate d'ammoniaque, et il est probable que ces deux sels sont décomposés pour fournir l'azote qui se trouve dans les végétaux. On est conduit à admettre que, si les sels ammoniacaux leur fournissent de l'azote, ils arrivent dans leurs organes à l'état de carbonate d'ammoniaque, qui agit directement et favorablement sur les végétaux ; mais comment le chlorhydrate, le sulfate et même le phosphate de la même base peuvent-ils passer directement à l'état de carbonate, puisque l'on n'a aucune raison pour admettre que le carbonate de chaux opère la décomposition de ces sels, et que, d'un autre côté, on sait que le carbonate d'ammoniaque décompose le chlorure de calcium et le sulfate de chaux dissous dans l'eau ; en effet, lorsque l'on verse dans une solution de l'un de ces deux sels une solution de carbonate d'ammoniaque, il en résulte du chlorhydrate ou du sulfate d'ammoniaque et du carbonate de chaux.

Pour concevoir l'intervention du carbonate d'ammoniaque, il faut se rappeler qu'il se produit des effets inverses quand le sulfate d'ammoniaque et le carbonate de chaux sont mélangés à l'état pulvérulent et ne contiennent que la quantité d'eau nécessaire pour réagir l'un sur l'autre, et non pour dissoudre les produits ; il se forme alors un composé volatil, du carbonate d'ammoniaque, qui se dégage. Cette expérience est facile à répéter : on mêle intimement ensemble de la craie préalablement lavée et du sulfate d'ammoniaque cristallisé ; il ne s'opère aucune réaction quand les deux substances sont très-sèches ; mais si l'on ajoute du sable humide, de manière à donner au mélange la consistance d'une terre arable, il se dégage aussitôt des vapeurs de carbonate d'ammoniaque, faciles à reconnaître à leur odeur et à leur action sur les couleurs végétales. En ajoutant une certaine proportion d'eau, le dégagement de vapeur cesse, et le carbonate d'ammoniaque non dégagé est décomposé par le sulfate de chaux, et les substances reviennent à l'état où elles étaient avant la réaction. Il ne serait pas étonnant d'après cela qu'il s'opérât dans la terre un effet de ce genre au contact du carbonate de chaux et du sulfate d'ammoniaque, sous l'influence d'une très-petite quantité d'eau.

M. Kuhlmann a expérimenté également avec le chlorhydrate et le sulfate d'ammoniaque, et en outre avec l'eau ammoniacale de l'usine à gaz de Lille, qu'il convertissait en solution de chlorhydrate au moyen d'une eau acide tirée de la fabrication de la gélatine. On trouvera ci-après les résultats obtenus, en se rappelant que le chlorhydrate contient .... 0,02639 d'azote,
le sulfate 0,021375

QUANTITÉ D'ENGRAIS.	RÉCOLTE EN FOIN.	AZOTE DU FOIN.	AZOTE NATUREL de la terre.	AZOTE de l'engrais.	AZOTE TOTAL de la terre.	QUANTITÉ D'AZOTE absorbée par la terre.
Point d'engrais. .	kil. 4000	40	100	00,00	100,00	0,40
266 kil. de chlorhydrate d'ammoniaque.	5716	57	100	70,32	170,32	0,33
266 kilog. de sulfate d'ammoniaque.	5233	52	100	56,85	156,85	0,33
5400 litres d'eau ammoniacale.	6300	63	100			

Ces résultats, qui indiquent un excédant de récolte dû à l'emploi des sels ammoniacaux, se trouvant en opposition avec d'autres résultats obtenus par des agriculteurs, M. Kuhlmann crut devoir reprendre encore une fois ses expériences, en opérant sur le Foin. Les engrais furent dissous ou délayés dans l'eau, de manière à présenter chacun un volume de 325 hectolitres par hectare. Nous donnons ici les résultats auxquels il a été conduit.

NUMÉROS.	NATURE DE L'ENGRAIS EMPLOYÉ.	QUANTITÉ PAR HECTARE.	PRIX PAR 100 KILOG. transportés sur les terres.	QUANTITÉ DE FOIN RÉCOLTÉ sans addition d'engrais par hectare.	QUANTITÉ DE FOIN supplémentaire due à l'engrais.	DÉPENSES.	RECETTES.	DIFFÉRENCE exprimant le bénéfice par + et la perte par —
1	Chlorhydrate d'ammoniaque.	266 kil.	100 fr.	4000	1816	266 fr.	137,28	—128,72
2	Sulfate d'ammoniaque......	266	60	id.	1233	159,60	98,64	— 60,96
3	Nitrate de soude...........	133	65	id.	800	86,45	64,00	— 22,45
4	Nitrate de soude...........	266	65	id.	1723	172,90	137,84	— 35,06
5	Eau ammoniacale des usines à gaz.	5400 litr.	1	id.	2300	54,00	184,00	+130,00
6	Dissolution gélatineuse des fabriques de noir animal.	21666	0,75	id.	2493	162,49	199,44	+ 37,00
7	Urine de cheval............	21666	0,75	id.	2240	162,49	179,20	+ 17,20
8	Engrais flamand composé d'urine et de matières fécales pures.	21686	0,75	id.	3433	162,49	274,64	+112,64

Ces résultats montrent que les sels ammoniacaux agissent à la manière des engrais azotés, vu que la quantité de produits récoltés est assez en rapport avec la quantité d'azote contenue dans ces divers sols.

Le nitrate de soude donne des résultats analogues. Il en est de même de la dissolution gélatineuse. Je ne m'occuperai point du prix de revient, n'examinant uniquement que les effets produits.

M. Kuhlmann, ayant envisagé sous le point de vue général l'emploi du nitrate et des sels ammoniacaux, s'est proposé de résoudre les questions suivantes :

1° La quantité d'azote d'un engrais, indépendamment des matières minérales, décide-t-elle toujours du degré d'activité que cet engrais doit produire sur la végétation? Quelles sont les circonstances où cette proportionnalité n'existe plus?

2° Les nitrates employés comme engrais doivent-ils une partie de leur action à la base, ou doit-on considérer leur action comme déterminée, sinon exclusivement, du moins pour la plus grande partie, par l'azote de l'acide nitrique?

3° L'intervention des phosphates dans la végétation ne pouvant être contestée, faut-il en conclure que ces sels peuvent être considérés, pris isolément, comme des agents actifs dans la fertilisation des terres, ou bien leur influence est-elle subordonnée à l'existence des produits azotés?

4° Existe-t-il des engrais formés de matières organiques non azotées, agissant avec une certaine énergie sur la végétation? L'huile faisant partie des tourteaux contribue-t-elle à donner à cet engrais ses propriétés actives?

5° L'influence des sels ammoniacaux et des nitrates s'exerce-t-elle après une première récolte?

Les expériences destinées à résoudre ces questions ont

été faites avec des matières dissoutes dans 1000 parties d'eau; les matières insolubles ont été semées à la volée. L'huile a été absorbée par du sable chaud, et le sable ainsi imprégné a été semé.

Les diverses séries d'expériences faites par M. Kuhlmann lui ont permis de répondre comme il suit aux questions précédentes :

Première question. Les produits azotés impriment à la végétation une activité proportionnelle à la quantité d'azote qu'ils contiennent; fait déjà constaté par M. Payen. Cet effet a lieu d'une manière absolue, quand ces produits ne renferment pas de matières minérales; mais s'ils sont associés à des bases fixes, il faut en tenir compte. Le nitrate de soude, à poids égaux, a fourni un excédant de récolte presque aussi considérable que le sulfate d'ammoniaque; et pourtant il ne renferme que 16,57 pour cent d'azote, tandis que le sulfate d'ammoniaque en contient 21,37 p. cent.

Le chlorhydrate et le sulfate d'ammoniaque, toutes choses égales d'ailleurs, donnent des produits en rapport avec les quantités d'azote que renferment ces sels.

Quand la matière organique azotée est d'une décomposition très-lente, son action n'est pas immédiate. Le cuir tanné en est un exemple. Dans les engrais artificiels, on doit chercher plutôt à ralentir cette décomposition qu'à la précipiter. Ces faits sont constatés aujourd'hui par tous les agriculteurs.

Le poids des récoltes ne croît pas toujours dans la même proportion que les quantités d'engrais; cet effet n'a lieu que lorsqu'un engrais n'est pas entièrement épuisé. Il faut tenir compte aussi de la volatilisation et de l'entraînement par les eaux pluviales des parties d'engrais qui ne sont pas immédiatement mises à profit par la végétation.

Deuxième question. La plus grande partie de l'action énergique est due à l'action du nitrate de soude. Le nitrate de chaux produit aussi une action très-forte, quoiqu'un peu moindre.

Il est probable que la base destinée à saturer les acides organiques, au moment de la décomposition de l'acide nitrique, contribue aussi à stimuler la végétation; l'acide nitrique, sous l'influence désoxygénante de la fermentation putride, passe sans doute à l'état d'ammoniaque avant d'être assimilé par les plantes.

Si le sulfate de soude n'a pas montré jusqu'ici une action bien marquée sur la végétation, il faut peut-être en chercher la cause dans la trop grande stabilité de ce sel.

Les faits observés tendent à prouver que les bases des nitrates contribuent à la fertilisation des terres pour une part beaucoup moindre que l'acide nitrique.

Le phosphate de soude considéré isolément ne paraît pas avoir une intervention active.

Les expériences faites par M. Kuhlmann en 1845 démontrent que si l'influence des phosphates et des substances salines, en général, qui entrent dans la composition des cendres des végétaux est lente et difficile à constater par les résultats d'une seule récolte, cette influence n'est pas moins constante, comme j'aurai l'occasion de le montrer dans le chapitre suivant. Cette influence diffère de celle des produits azotés en ce qu'elle se répartit sur un plus grand nombre d'années, et que les circonstances atmosphériques se manifestent davantage sur les effets produits.

Troisième question. Aucune des matières non azotées employées dans les essais n'a donné d'augmentation dans les récoltes: M. Kuhlmann attribue cette nullité d'action à ce que leur décomposition est plus lente, ou à ce qu'elles sont inhabiles à activer la végétation. Ce n'est là qu'une assertion qui ne repose sur aucun fait, et sur laquelle je reviendrai.

On ne saurait nier néanmoins cette influence d'une manière absolue, car les matières organiques, en se décomposant, donnent de l'acide carbonique et du terreau qui réagissent efficacement sur la végétation.

Je ferai observer, toutefois, que le sucre de fécule a donné des résultats négatifs, et que le sucre, pris isolément, ne peut constituer un engrais, ainsi que l'huile.

Les tourteaux ne doivent leur action fertilisante qu'à la matière azotée qu'ils renferment; en effet, MM. Boussingault et Payen ont montré que 100 parties de tourteau de Colza desséché contiennent 5,50 d'azote et 4,92 dans l'état d'humidité ordinaire; d'où il suit que 8 parties de tourteau, sous le rapport de l'azote, doivent produire sur les terres la même action fertilisante que 100 parties de fumier ordinaire de ferme.

M. Kuhlmann a examiné la question relative à la formation de l'ammoniaque dans la fermentation putride des matières organiques non azotées, par suite de la réaction de l'azote de l'air sur l'hydrogène de l'eau; formation sur laquelle on a cherché à faire reposer une grande partie de l'efficacité des engrais artificiels, préparés avec des matières ligneuses peu azotées. Les expériences de M. Kuhlmann sur la fixation de l'azote de l'air pendant la pourriture du ligneux, sont favorables à cette opinion. Elles conduisent à cette conclusion, que la formation de l'ammoniaque, dans les circonstances indiquées, n'est pas encore démontrée.

Quatrième question. Les sels ammoniacaux et les nitrates exercent-ils une influence efficace après une première récolte? Quelle est la limite de la durée de l'action de ces sels? En 1844, 250 kilog. de nitrate de soude ont donné un excédant de récolte en Foin de 1440 kilog. et un excédant en regain de 430 kilog.; une même quantité de sulfate d'ammoniaque a donné un excédant en Foin de 1529 kilog. et en regain de 224 kilog.

Quant aux produits de la deuxième année, on a récolté séparément, en 1844, les herbes produites sans addition nouvelle d'engrais sur les surfaces qui avaient servi aux essais faits en 1843 ; on a trouvé qu'en employant une quantité considérable de sel ammoniacal, l'influence de ce sel se faisait sentir encore l'année suivante, mais d'une manière peu marquée, tandis que des dissolutions gélatineuses agissent plus longtemps.

M. Kuhlmann a fait, en 1845 et 1846, de nouvelles expériences, dans le but de rechercher quelles peuvent être les conséquences sur la végétation de l'emploi prolongé d'engrais uniquement azotés; comme aussi celles de l'action exclusive de certaines matières salines minérales, notamment des phosphates de soude et de chaux.

Le champ d'expérimentation qui avait servi en 1844 a été conservé intact, et on n'y a fait aucune addition d'engrais en 1845 ; on a pesé avec soin les récoltes en Foin et en regain, afin de déterminer l'influence des matières soumises à l'expérimentation en 1844, sur la récolte de 1845 en 1846, on a semé sur les mêmes parcelles les mêmes engrais et en même poids. Les résultats de la seconde fumure conduisent aux conséquences suivantes (*Expériences chimiques et agronomiques*, p. 78) :

1° « Les parcelles fumées avec des matières salines « azotées, après avoir donné en 1844, un grand excédant

« de récolte, en les comparant aux parcelles des prairies « qui n'avaient pas reçu d'engrais, ont donné, toutes sans « exception, une récolte plus faible que les parcelles sans « engrais. Cette diminution de récolte est plus faible pour « les nitrates à bases fixes que pour le sulfate d'ammoniaque.

« L'ammoniaque saturée par l'eau de colle ne présente « de manquant que sur le regain ; son influence avanta« geuse s'est fait sentir encore sur la récolte de Foin. Mais « il est important de remarquer que la quantité de sel « ammoniacal employée était plus grande, et que le ré« sultat observé peut tenir aussi à ce qu'une certaine quan« tité de phosphate de chaux des os est retenue en dissolu« tion par le sel : aussi l'emploi exclusif des produits « azotés a évidemment pour influence de déterminer im« médiatement une surexcitation dans la végétation, sur« excitation qui peut avoir lieu aux dépens des récoltes sui« vantes, soit qu'on l'attribue à un épuisement des forces de « végétation, soit qu'on l'attribue à un appauvrissement « momentané du terrain de toute matière saline assimilable. « Disons que, pour beaucoup de plantes vivaces, on peut « remarquer que, lorsque la végétation a été très-vigou« reuse pendant une année, elle est plus languissante l'an« née suivante. Cet effet doit-il toujours être attribué aux « influences de l'engrais, c'est-à-dire au défaut d'équilibre « ou de proportionnalité convenable entre l'engrais azoté « et l'engrais salin ? C'est là une question à laquelle il est « encore difficile de répondre catégoriquement.

« J'ai voulu m'assurer si, en poursuivant l'emploi des « engrais azotés seuls, les conditions observées en 1845 « se maintenaient ; mais, ainsi qu'on peut le remarquer « par les résultats obtenus, l'engrais azoté a ranimé, « en 1846, la végétation à un degré remarquable et en

« tout comparable à ce qu'elle était en 1844. Si les chif-« fres des produits ne sont pas aussi élevés, c'est que « l'année 1846 a été extrêmement sèche; qu'à partir de « mai, il n'y a pas eu de pluie assez abondante pour pé-« nétrer le sol à une certaine profondeur; que la séche-« resse a été telle, après la récolte du Foin, que toute « végétation a été arrêtée, et qu'il n'y a pas eu de regain, « ni sur les parties fumées, ni sur celles restées sans en-« grais pour servir de point de comparaison. Ainsi, soit « que la plante ait repris son état normal de végétation, « soit que, par le temps, les matières salines minérales « qui font partie du sol aient reçu une désagrégation, « pour redevenir solubles, les résultats de 1846 démon-« trent péremptoirement que si, après une excitation due « à l'emploi des matières azotées, il se produit quelque ar-« rêt dans la végétation, cet arrêt est de courte durée. »

J'ai cherché, dans la culture des Céréales, à la seconde récolte, quel pouvait être l'effet produit par un engrais ammoniacal, le sulfate d'ammoniaque, afin de voir s'il y avait un temps d'arrêt dans la végétation des plantes vivaces. J'ai prié en conséquence M. Debray, habile agriculteur du département du Loiret, de faire les expériences dont il va être question ci-après. Une terre de nature argilo-calcaire, qui avait reçu une fumure printanière de 25,000 kilog. environ par hectare, de fumier de ferme peu consommé, avait été ensemencée en Pois au mois d'octobre 1845. Cette même terre, après qu'elle eut été ameublie, on en prit un are sur la surface duquel on répandit deux kilog. de sulfate d'ammoniaque, en même temps qu'on y semait du Blé blanc de Hongrie. Le Blé leva un peu plus promptement que dans les parties voisines, qui n'avaient pas reçu de sulfate; on n'aperçut plus ensuite avant l'hiver aucune différence avec les Blés non soumis au même régime.

Au printemps, la végétation fut très-vigoureuse jusqu'au 15 juin, époque où l'épi parut. La grande sécheresse de l'année arrêta partout la végétation. Les tiges avaient quinze centimètres de hauteur de plus que celles du reste de la pièce de terre. Malgré la sécheresse, la différence s'est maintenue; l'épi était court, mais plus gros.

Après une jachère, en 1847, la terre reçut de bons labours et une fumure de 20,000 kilog. de fumier de ferme l'hectare. On ensemença avec du Blé de Sainte-Hélène la pièce entière; on ne commença à apercevoir de différence qu'en avril 1848; les tiges du blé soumis à l'action du sulfate répandu en 1846 étaient plus longues, d'une couleur glauque; le tout faisait disparate avec l'état de la végétation dans les parties voisines.

La récolte fut de 28 litres de Blé dans l'are de terre qui avait reçu deux kilog. de sulfate d'ammoniaque en 1845, et de 21 litres seulement dans un are de terre à côté.

On voit par là que l'effet du sulfate s'est fait sentir encore à la seconde récolte, après une année de jachère.

M. Kuhlmann et tous les expérimentateurs qui ont voulu établir des règles générales pour exprimer l'action produite par les engrais solubles, quelle que soit leur origine, n'ont point cherché à s'assurer si, aux diverses époques de la végétation, ces engrais étaient toujours en contact avec les racines; c'était cependant là le point de départ pour arriver à des résultats qui fussent en rapport avec les quantités d'engrais employées. Les eaux pluviales, si le sous-sol surtout est perméable, pouvant enlever, en totalité ou en partie, les composés solubles, il faut s'opposer à cette cause perturbatrice. Le seul moyen, si l'on veut arriver à des faits concluants, est d'expérimenter dans des carrés de terre dont le fond et les parois sont briquetés, comme je l'ai fait en me livrant à des recherches sur l'emploi du sel, dont je rendrai compte dans le chapitre suivant.

CHAPITRE V.

DU SEL (CHLORURE DE SODIUM) CONSIDÉRÉ COMME ENGRAIS INORGANIQUE.

---

§ Ier. DE L'ÉTAT DE LA VÉGÉTATION DANS LES TERRES SALÉES NATURELLEMENT.

Si nous résumons ce qui a été dit précédemment concernant les engrais inorganiques (minéraux) et organiques, nous voyons que, suivant leur état physique et leur composition, ils divisent la terre pour la rendre plus meuble, plus accessible aux influences atmosphériques, et permettre la filtration des eaux ; ils cèdent aux végétaux les principes dont ils ont besoin pour leur nutrition et leur développement, et quelquefois ils y produisent un état d'excitation plus ou moins favorable à la vie végétale. Dans quelle classe doit-on ranger le sel marin (chlorure de sodium) ? Doit-on le considérer comme un simple excitant, ou bien comme un composé s'introduisant directement ou après être décomposé dans l'organisme, et concourant au développement des végétaux avec les composés organiques ? Ces deux questions vont être traitées dans ce chapitre avec tous les développements qu'exige leur importance.

Si l'on veut avoir une idée générale de l'action exercée par le sel sur les plantes, il faut examiner l'état de la végétation dans les terrains qui le renferment en quantités plus ou moins considérables, et voir comment se comportent les mêmes plantes dans des terres semblables situées dans les mêmes localités, mais ne renfermant pas de sel. De la comparaison des effets produits on déduira des conséquences qui permettront de voir quel est le mode d'action de cet agent sur la végétation.

Bernard de Palissy, dont le nom rappelle un grand artiste et un observateur profond, avait remarqué la fertilité des terrains salés humides.

Il s'exprime à ce sujet en ces termes (Bernard de Palissy, *Des sels divers*, p. 246, édit. de M. Coq) :

« Aucuns disent qu'il n'y a rien plus ennemy des se-
« mences que le sel, et pour ces causes, quand quelqu'un
« a commis quelque grand crime, on le condamne que sa
« maison soit rasée, et la solle labourée et semée de sel,
« afin qu'elle produise jamais semence. Ie ne sais s'il y a
« quelque pays où le sol soit ennemy des semences ; mais
« bien sais-je que, sur les bossés des marez salans de Xain-
« tonge, l'on y cueille du Blé autant beau qu'en lieu où je
« fus jamais, et toutefois lesdits bossés sont formés des
« vuidanges desdits mares. Ie di des vuidanges du fond
« du champ des mares, lesquelles vuidanges et fanges
« sont aussi salées que l'eau de mer ; toutefois les semences
« y viennent autant bien qu'en nulle terre que j'aye veue.
« Ie ne scay pas où c'est que nos iuges ont pris occasion de
« faire semer du sel en une terre, en signe de malédiction,

« si ce n'est qu'il y aie quelque contrée où le sel soit en- « nemy des semences. »

Ce témoignage de Bernard de Palissy est confirmé par l'état actuel de la culture dans les marais salants de l'Ouest, tels que ceux de Croisic et de Guérande, dans la direction de Nantes, et de Marennes dans celle de la Rochelle. Ce qui existait jadis se voit encore aujourd'hui dans l'Ouest : une famille exploite un marais salant, comme ailleurs on exploite une métairie; beaucoup de marais sont affermés à la condition que le propriétaire aura les deux tiers du produit et le métayer l'autre tiers. Ce dernier cultive en outre à son profit les bosses ou bossis, espaces libres situés entre les marais et sur lesquels on jette les vases provenant de leur curage. On y cultive du Blé sans y ajouter d'engrais, ou bien on y laisse croître l'herbe que l'on fauche. La terre est également propre au jardinage. La végétation y est vigoureuse, et les récoltes y sont ordinairement abondantes. Les vases étant formées de terre, de détritus de matières organiques, et de quantités assez considérables de sel, constituent un compost naturel.

Cet exemple prouve qu'un *terrain fortement salé, humide, et renfermant des débris de matières animales et végétales*, développe une puissante végétation ; mais comme la présence de l'eau et de débris organiques suffit pour produire un semblable effet, il faut avoir recours à d'autres observations pour connaître la part du sel : quoi qu'il en soit, on voit qu'un excès de sel, dans cette circonstance, est loin de nuire.

En Camargue, dans les localités où les terres renferment une forte proportion de sel, on recouvre le sol, après la semence, avec des roseaux que l'on trouve dans les étangs voisins. Sans cette précaution, dans les années très-sèches, le Blé serait grillé avant d'avoir acquis assez de force pour résister à l'action énergique du sel. Dans les années où les mois d'avril et de mai sont pluvieux, cette précaution est à peu près inutile. Les pluies étant fort rares dans la partie des Bouches-du-Rhône où l'on couvre le Blé, il s'ensuit que cette précaution est presque habituelle. Les terres rapportent alors douze et même seize fois la semence, dans les localités où elles ne produisaient absolument rien avant l'emploi des abris.

Quand il se trouve dans le même champ des portions plus salées les unes que les autres, on ne couvre que les premières. Ces faits prouvent que, dans les terrains salés, l'eau est indispensable pour que la végétation puisse s'y développer; une fois cette condition remplie, la végétation y devient vigoureuse.

Dans le Morbihan, suivant M. Puvis, on sème simultanément de la Salsola et du Froment, dans les terrains salés envahis quelquefois par les eaux de la mer. Lorsque les pluies lavent la terre et la dessalent, le Froment devient très-beau et la Salsola très-faible; dans le cas contraire, c'est-à-dire lorsqu'il y a peu de pluie, le Froment est en souffrance, tandis que l'autre plante prend de l'accroissement. M. Puvis tire de là la conséquence qu'une quantité modérée de sel est très-favorable au produit du froment, tandis qu'une forte proportion lui est nuisible.

M. Puvis rapporte encore deux faits qui ne sont pas sans quelque importance. Les polders, ou terrains qui se trouvent sur les côtes de la Hollande et de la France, et qui au moyen de digues ont été enlevés à la mer, sont d'une inépuisable fécondité, puisqu'ils produisent sans engrais depuis un temps considérable.

A Châteauneuf (Côtes-du-Nord), on avait semé en 1792 du Colza dans 100 hectares de terre; une grande marée ayant brisé les digues, le terrain fut livré à la mer pendant quatre ans. Les digues réparées, et après que de fortes pluies eurent lavé le terrain, on le vit se couvrir de Colza semé quatre années auparavant. Il vint à maturité, et l'on récolta 2600 hectolitres de graines. Ce dernier fait prouve que les graines avaient été préservées de toute altération pendant plusieurs années par l'eau salée, ayant une teneur de 3 pour cent de sel.

M. de Gasparin, qui a eu fréquemment l'occasion d'observer dans la Camargue la culture des terrains salés, interprète comme il suit l'influence du sel. Ces terrains, suivant leur nature, sont d'une culture plus ou moins difficile. Quand ils sont tenaces, ils deviennent mous, glissants et noirs, dans les temps humides; tandis qu'ils sont durs dans les temps secs, et le sel effleurit alors à la surface. A l'état humide, le soc de la charrue détache dans ces terrains des mottes difficiles à briser; de sorte que l'on ne peut les cultiver que dans la sécheresse, encore la présence du sel donne-t-elle de la dureté à la terre; il s'ensuit que les récoltes y sont chanceuses dans les climats secs. C'est pour ce motif qu'on obvie à cet inconvénient en couvrant la terre ensemencée avec des roseaux, afin d'y entretenir une humidité suffisante lors des premières chaleurs.

Cette difficulté que présente la culture des terres salées des Bouches-du-Rhône, tient en grande partie à la nature du sol et au climat; car on n'observe rien de semblable dans l'Ouest en cultivant les bosses ou bossis des marais salants, où les récoltes sont toujours abondantes.

M. de Gasparin (*Traité d'agriculture*, t. I, p. 105) formule ainsi son opinion relativement à l'intervention du sel en agriculture : Dans les terrains qui renferment du sel, et peu ou point de potasse, les cendres des Céréales contiennent de la soude, au lieu de l'autre alcali. La beauté des récoltes de Froment, toutes choses égales d'ailleurs, prouve que cette substitution ne leur est pas défavorable. Quand les terres ne renferment pas au delà de 0,02 de sel, elles sont très-précieuses, *soit comme donnant d'excellents pâturages pour les troupeaux*, soit comme très-fertiles en Blé. M. de Gasparin ajoute : Le sel manifeste sa présence dans un terrain : 1° en s'effleurissant à la surface pendant la sécheresse ; 2° en prolongeant l'humidité du sol dans les temps humides, et en continuant à la manifester même quand les terres non salées sont déjà sèches, soit après une rosée, soit seulement quand l'air est imprégné de vapeurs, etc., etc. Plus loin, M. de Gasparin dit (t. I, p. 229) : Les pâturages des terrains salants sont estimés et très-favorables aux moutons ; les prairies y sont excellentes, quand on peut les arroser avec de l'eau douce, à condition de n'y pas faire entrer l'eau quand elles sont sèches, pendant les grandes chaleurs ; mais on peut les arroser en été quand on y entretient constamment la fraîcheur. Comme en général le sous-sol est plus salé que la surface, les arbres viennent mal, à moins qu'ils ne soient placés dans le voisinage de courants d'eau douce. Le sel de l'intérieur est sujet à remonter à la surface à la suite de grandes pluies ; ce qui empêche que, par l'effet du temps et des météores, le sol finisse par s'adoucir complétement.

Les passages que je viens de rapporter d'un ouvrage justement estimé, montrent jusqu'à la dernière évidence combien l'eau est indispensable dans les terrains salés, pour que la végétation y soit fructueuse.

Arthur Young (*Œuvres choisies d'agriculture*, t. I, p. 361) s'exprime comme il suit en parlant de la fertilité de l'île de Fourness : « Certainement cette île fut autre-« fois couverte par les eaux de la mer ; il y a des cou-« ches d'écailles et d'autres coquillages qui confirment « cette opinion. Le sol est imprégné de sel marin, non pas « seulement parce qu'il a été sous les eaux de la mer, mais « encore par les hautes marées qui portent les eaux au « delà des côtes et inondent les terres. Il y a quarante ans « que l'île fut entièrement submergée, et fut deux ans « sans produire de grains ; après ce temps, elle fut plus « fertile que jamais, ce qui prouve que les eaux de la mer « laissent sur le sol des principes de fertilité, mais qui ont « besoin d'être modifiés par l'air atmosphérique. Ces prin-« cipes salins sont combinés avec une argile particulière « très-différente de celle que l'on trouve dans les pays les « plus élevés au-dessus de la mer. Les plus riches terrains « sont composés d'argile, et sont par ce moyen très-fria-« bles ; mais le sol de l'île de Fourness est différent, quoi-« qu'il soit très-friable. Il paraît qu'il doit cette qualité à « la fermentation excitée par l'atmosphère sur une subs-« tance qui abonde en parties mucilagineuses. Lorsqu'il « est exposé à l'action de l'eau, il tombe en petites par-« ties, et exposé au soleil pour sécher, il paraît plus cris-« tallisé que l'argile ordinaire, qui se réduit si facilement « en poussière, soumise à l'action d'un agent. Dans cette « espèce de sol, il y a très-peu de sable ; ses molécules « sont si fines, qu'on croit tenir dans ses doigts une pous-« sière impalpable ; ses parties sont si susceptibles d'ad-« hésion entre elles, qu'une motte de cette terre se durcit « considérablement. Il paraît par là qu'elle est composée « d'argile, de quelques principes mucilagineux, dont la

« combinaison est une suite de la fermentation occasionnée « par la pluie et la chaleur qui survient, et que sa qualité « saline provient de sa position primitive, qui était d'être « sous les eaux de la mer. Brisée dans les mains, elle ré- « pand une odeur très-forte ; de sorte qu'il est probable « qu'un procédé chimique y découvrirait un alcali volatil. « Sa fertilité est si considérable, que les fermiers s'occu- « pent peu des engrais, et qu'ils ne hasardent pas commu- « nément d'en mettre pour aucune sorte de grains, qui « produiraient, par ce moyen, beaucoup de paille, sans « que la récolte en grains fût meilleure ; cependant, puis- « qu'on la laisse pourrir en chaume pour semer des fèves, « c'est une preuve que l'on fait quelque cas des engrais. »

Quoique ce passage soit obscur, on voit néanmoins que M. Young attribue la fertilité de l'île de Fourness à la nature de la terre qui est argileuse, et à la présence de l'eau, du sel et de composés volatils, qui sont probablement de nature ammoniacale, conditions favorables à la végétation.

J'ai eu l'occasion d'observer moi-même, dans divers terrains salés, des effets remarquables de végétation, dus aux actions combinées de l'eau, du sel et des matières organiques.

La Seille, dans les environs de Dieuze (département de la Meurthe), depuis le village de Lindre-Basse jusqu'à Marsal, coule dans une vallée dont le fond est formé d'alluvions reposant sur des marnes irisées. Toutes les prairies comprises entre la digue de l'étang de Lindre, les jardins du village et la côte de Dieuze, formaient jadis des marais infects, où l'on ne trouvait que des Joncs quelques Carex et des Ombellifères. Sur les points culminants, au-dessus des eaux, il n'y croissait qu'un petit nombre de plantes grasses, propres aux terrains salés.

Aujourd'hui, il n'en est plus ainsi, on a assaini ces marais infects, par de profondes saignées et par des remblais qui, en exhaussant le sol, permettent aux eaux pluviales d'enlever l'excès de sel et de le livrer à la culture. Précisons les faits : à très-peu de distance du village de Lindre-Basse, dans un pré où il existe des sources d'eau salée, cette eau, en s'épanchant, baigne plus ou moins le terrain environnant, selon qu'il est plus ou moins élevé; des efflorescences, dans les temps de sécheresse, annoncent la présence du sel et indiquent, par leur abondance, la quantité que les eaux en renferment. Dans les parties les plus basses, et par conséquent les plus salées, on ne trouve aucune trace de végétation ; dans celles qui le sont un peu moins, la plante qu'on rencontre la première est la *Salicornia herbacca*; vient ensuite l'*Aster trifolium;* dans les terrains moins salés encore, on trouve le *Triglochin maritimum* et l'*Atriplex salina*. Voici les principales plantes qui croissent dans les marais salés de la Seille, près de Lindre-Basse, Dieuze, Marsal et Vic :

Alsine marina.
Elatine hexandra.
Aster trifolium
Salicornia herbacca
Atriplex salina.
Rumex maritimus
Polygonum maritimum
Triglochin maritimum.
Zanichelli palustris.
Juncus Gerardi.
Crypsis alopecuroides
Glyceria distans.
Ulva intestinalis.

Quand le terrain est exhaussé de quelques décimètres au-dessus des parties les plus basses, et qu'il est entouré d'un fossé d'écoulement, destiné à recevoir les eaux et à entretenir de l'humidité dans le sol, la végétation est vigoureuse, et l'on a un excellent pré, quoique la terre soit toujours salée, mais à un moindre degré. On y trouve alors les espèces suivantes: *Rumex acetosa*, *Chrysanthemum leucanthemum*, *Plantago media*, *Vicia sativa*, etc.

Un cultivateur de la commune de Lindre-Basse, auquel je demandais quelle était la qualité des fourrages récoltés dans ces prés améliorés, et dont la terre est toujours salée, me répondit spontanément : Oh ! le Foin qu'ils rapportent est de première qualité; le bétail en est friand et s'en trouve très-bien. Cette réponse d'un homme qui ignorait que ce fourrage renfermait un demi pour cent de sel de son poids sec est péremptoire, puisqu'elle montre l'influence du sel sur les prairies naturelles, pour leur faire produire des fourrages de qualité supérieure. Je ferai remarquer que les prairies environnantes, dont les plantes ne sont pas aussi salées, à beaucoup près, ne donnent pas des fourrages placés aussi haut dans l'estime des cultivateurs de la vallée de la Seille. Ces mêmes cultivateurs ont reconnu en outre que la présence du sel, dans un pré, détruit les Mousses et les plantes cryptogames, fait qui a été également observé en Angleterre.

On trouvera ci-après la teneur en sel des plantes qui croissent dans les prés salés de la Seille, ainsi que dans les prairies contiguës, dont la terre est salée à un très-faible degré.

1° L'Atriplex salina, employé à des usages comestibles, contient en sel.................................... 0,022 de son poids sec.
2° Le Salicornia herbacea. 0,014
3° Le Triglochin maritimum............. 0,011
4° Les plantes de pré précédemment mentionnées.................................. 0,0047

Dans les sols éloignés des terrains salifères, les végétaux ne renferment que des quantités insignifiantes de sel. J'ai trouvé effectivement, dans les environs de Phalsbourg, un très-beau Sainfoin, cultivé dans une terre de peu d'épaisseur et reposant sur une couche de calcaire non salifère ayant une teneur de 0,0002, quantité insignifiante. MM. Ancelon (docteur en médecine) et Parisot (pharmacien), de Dieuze, ont cherché les quantités de sel contenues dans les terres où se trouvent les différentes plantes que je viens de mentionner. Voici les résultats qu'ils ont obtenus :

1° La terre parsemée de quelques rares Salicornes herbacées contient 0,033 de sel, quand elle est amenée à un grand degré de dessiccation.

2° La *Salicornia herbacea*, l'*Anagallis tenella*, le *Triglochin maritimum* et l'*Aster trifolium* se plaisent très-bien dans un terrain qui contient 0,0144 de sel, après dessiccation.

3° Dans un champ d'Avoine peu étendu, fort exhaussé à l'est, mais déclive à l'ouest, la terre prise sur le bord déclive, où l'Avoine était petite, misérable, contenait 0,0057 de sel ; tandis que dans celle à l'est, 20 mètres plus loin, et dont la teneur était de 0,002, les plants étaient très-beaux et très-vigoureux. MM. Ancelon et Parisot n'ont point tenu compte de l'état hygroscopique du sol, pendant les diverses phases de la végétation.

Dans l'intérieur de la saline de Dieuze, près du dépôt des résidus de la fabrique de soude et de la lixiviation du sel gemme, se trouve un fossé donnant écoulement aux éaux, et dont les bords sont couverts de la plus belle végétation ; on y trouve, entre autres, les espèces suivantes : *Thlaspi sativum, Achillœa millefolium, Clinopodium, vulgare*, *Ranunculus acris*, *Rumex acetosa crespis*, diverses Graminées, etc. Toutes ces plantes, qui sont exposées à l'action continuelle du sel et de l'eau, renferment, à l'état sec, près de 2 pour cent de leur poids de sel ; la végétation se trouve là dans les mêmes conditions que celle des bosses ou bossis des marais salants de l'Ouest.

A la saline de Montmorot, près de Lons-le-Saulnier (Jura), il existe un bâtiment de graduation, dirigé du nord-est au sud-ouest, ayant environ 500 mètres de longueur. Sur la face ouest, à 16 mètres de distance, se trouve une prairie naturelle où la végétation est des plus remarquables ; la partie qui avoisine ce bâtiment est sans cesse exposée à une pluie d'eau salée, surtout lorsque soufflent les vents d'est, du nord-est et du sud-est. En 1847, le Ray-grass, dans cette partie, avait un mètre de haut. Les plantes se trouvaient donc très-bien de ce régime d'eau salée, distribuée sous la forme de pluie très-fine, dans un sol naturellement humide ; ces plantes, parfaitement desséchées, renfermaient 0,0092 de leur poids de sel, tandis que celles de la même prairie, à 500 mètres de la graduation, n'en renfermaient que 0,0034, c'est-à-dire un peu moins de moitié.

Des plantes fourragères cultivées, loin de la graduation, sur un sol calcaire, élevé de 10 mètres au-dessus des marnes irisées, gisement du sel, n'ont donné que 0gr.,0009.

A la saline d'Arc (Doubs), il existe, comme à celle de Montmorot, un bâtiment de graduation de même longueur, et semblablement orienté. On y cultive avec succès diverses plantes fourragères et des Céréales, telles que Froment, Avoine, Orge, Maïs, etc., etc. La végétation y est partout dans un état florissant. Les plantes fourragères qui se trouvent le plus près de la graduation contiennent, comme à Montmorot, un peu moins de 1 pour cent de sel, tandis que celles qui en sont éloignées de 40 mètres, et qui ne reçoivent que très-obliquement ses gouttelettes d'eau salée, n'ont donné à l'analyse que 0,0049.

Les terres où sont cultivées ces plantes, en raison d'un sous-sol très-perméable, formé des atterrissements de la Loue, ne renferment que des traces de sel. Il faut en excepter toutefois les parties salées par des fuites qui ont lieu de temps à autre dans les tuyaux de conduite des eaux salées de Salins à Arc. Ces parties, qui contiennent, après dessiccation, 0,0133 de sel, sont impropres à toute culture pendant deux ou trois ans. Dans les premiers temps, on n'y voit même apparaître aucune végétation; il faut attendre, pour qu'elle se montre, que les eaux pluviales aient lavé la terre.

On a remarqué que lorsque la pluie fine d'eau salée, pendant la graduation, devient plus abondante et que l'air est sec, les feuilles qui la reçoivent jaunissent et finissent par mourir. Le sel déposé, après l'évaporation de l'eau, agit alors comme un violent caustique. On verra plus loin que l'arrosage des plantes avec l'eau salée, pendant la sécheresse, produit des effets semblables.

On vient de voir qu'une terre qui a reçu par des infiltrations d'eau salée 0,0133 de sel est impropre à toute végétation, tandis que M. de Gasparin déclare que, lorsque les terres n'en renferment pas au delà de 0,02, elles donnent d'excellents pâturages ou de belles récoltes en blé: cette différence dans les effets tient uniquement à l'état hygroscopique du sol. Si la terre est sèche ou susceptible de le devenir, 0,01 de sel est une quantité trop considérable pour que la végétation puisse s'y développer convenablement.

TABLEAU des quantités de sel (chlorure de sodium) contenues dans des plantes cultivées dans divers terrains et dans certains engrais, par M. PARISOT, pharmacien à Dieuze.

NUMÉROS.	LOCALITÉS.	NATURE DES PLANTES ET DES ENGRAIS.	EAU contenue dans les plantes et les engrais pour 100 parties.	CHLORURE DE SODIUM contenu dans les plantes et les engrais pour 100 part. sèches.
	PRÈS DU VILLAGE DE LINDRE-BASSE (MEURTHE).			
1	Dans un pré salé, à 200 mètres du village.	Feuilles d'un saule	66,66	0,1625
		Branches de deux ans du même saule	56,66	des traces.
2	Dans un terrain sur le bord de la Seille, à 300 mètres du village.	Du beau chanvre en fleur	73,32	0,750
3	Dans un champ un peu élevé au bord de la route de Dieuze à Lindre, à 2 kilomètres du village.	Du petit chanvre en fleur, pris à la partie basse du champ	73,32	0,6800
		Des tiges d'avoine (avena sativa) d'une grande beauté, l'épi sortant de la tige	75,00	0,9000
		Semences de l'avoine précédente	—	0,1300
	A DIEUZE (MEURTHE).			
4	Dans un jardin potager situé à 1/2 kilomètre au sud-est de la saline de Dieuze, au bord d'un ruisseau appelé Verback, terrain non salé.	Tiges de pommes de terre printanières	83,32	2,9750
		Pommes de terre provenant des tiges précédentes	80,00	0,2000
		Tiges de pois cultivées, séparées des feuilles	76,00	0,3800
		Feuilles de pois séparées des tiges	84,00	0,2750
		Pois (semence)	—	0,0550
		Tiges de maïs séparées des feuilles	86,66	0,8150
		Feuilles du maïs (très-belles)	80,00	0,4500
		Feuilles jaunes du maïs, celles qui enveloppent l'épi	74,89	0,0800
		Grains de maïs provenant des tiges précédentes	—	0,0325
		Feuilles de vigne	60,00	0,0545
		Branches de vigne de l'année	71,44	0,0815
		Jus des raisins provenant des tiges précédentes	—	des traces.
		Feuilles de guimauve	—	0,1090
		Feuilles d'un poirier nain de quatre ans	65,00	0,0870
5	Dans un champ situé au sud-est, à un kilomètre de la saline de Dieuze, au bord de la route de Dieuze à Lindre-Haute, près du sentier conduisant au village, dans un terrain non salé.	Tiges de blé ordinaire, séparées de l'épi huit jours après la floraison	48,60	0,6500
		Épis du blé précédent	58,34	0,1090
		Tiges de blé barbu séparées de l'épi huit jours après la floraison	55,40	0,6500
6	Au-dessus de la côte appelée Moulin-à-Vent, entre Dieuze et Lindre-Basse, au sud-est de la saline, dans une surface de 10 mètres carrés de terrain pierreux.	Épis du blé précédent	60,00	0,0815
		Tiges de blé huit jours après la floraison, l'épi compris	48,60	0,1625
		Mélilot en fleur	70,00	0,1090
		Tiges et feuilles de la fève commune	75,34	0,0862
		Luzerne	75,00	0,4350
		Tiges d'avoine pas très-belles, l'épi commençant à sortir de la tige	72,23	0,2600
7	Dans un jardin verger placé au sud-est de la saline, sur une hauteur appelée Calvaire.	Graines de l'avoine précédente	—	0,0650
		Feuilles d'un chêne de dix-huit à vingt ans	56,52	0,1090
		Ecorce du même chêne	48,60	0,0109
8	Dans un champ au bord du chemin de Dieuze à la fabrique d'acide sulfurique.	Bois du même chêne séparé de l'écorce	25,00	0,0000
		Tiges de blé mûr séparées des feuilles et de l'épi	—	0,0975
		Feuilles provenant des tiges précédentes	—	0,0720
9	Dans un champ sur le bord de la route de Loudrefing, à 2 kilomètres de la saline.	Grains de blé séparés des tiges précédentes	—	0,0435
		Grains de blé	—	0,0325
	LOUDREFING (MEURTHE), village à 13 kilomètres à l'est de Dieuze.			
10	Sur une hauteur au sud-est du village à 300 mètres.	Trèfle en fleur	79,00	0,2700
		Très-beau chanvre en fleur	66,66	0,6000
		Tiges de la vesce-lentille	77,34	0,3675
		Tiges de pommes de terre	80,00	0,3000
		Paille de blé mûr provenant d'un champ peu graissé	—	0,0862
		Semence de blé provenant des tiges précédentes	—	0,0270
11	Dans un champ attenant au village, toujours dans la direction du sud-est.	Tiges de pommes de terre très-belles	88,00	0,7300
		Tiges de feuilles de la fève commune cultivées près des tiges de pommes de terre	83,34	0,2150
12	Dans un champ graissé avec du fumier de vache.	Grains de seigle	—	0,0320
	NANCY (MEURTHE).			
13	Dans un jardin potager.	Des feuilles de pommier nain	60,00	0,1090
		Herbe composée de ray-grass et de paturins	60,00	1,0900
	CHAMPAGNE (ANNÉE 1847).			
14	Sur une hauteur, au bord de la route, dans un terrain craïeux.	Un mélange d'herbes	—	0,9750
	DIEUZE (MEURTHE).			
15	Dans un pré salé.	Urine d'une vache qui pâturait derrière la saline	—	1,0900
		Du foin servant à la nourriture d'un cheval	—	1,3000
		Urine du cheval qui se nourrissait du foin précédent, recueillie le matin	—	1,3600
		Crottin du même cheval	80,50	0,1725
16	Dans un pré non salé, au bord du Spin, derrière la saline.	Du foin servant à la nourriture d'un cheval	—	1,1500
		Urine du cheval qui se nourrissait du foin précédent, recueillie à midi	—	1,2000
		Crottin du même cheval	78,00	0,1090
17	Au bord du chemin qui conduit de Dieuze à la fabrique d'acide sulfurique.	Du fumier placé à droite de la route	42,00	0,7600
		Du purin se trouvant autour du fumier	—	0,0550
		Du fumier placé à gauche de la route, à la partie supérieure	57,00	0,4800
		Le même fumier à la partie inférieure	67,00	1,8500
18	LOUDREFING (VILLAGE).	Du fumier pourri	71,67	1,3000

TABLEAU des quantités de sel (chl
et dans cert

NUMÉROS.	LOCALITÉS.
	PRÈS DU VILLAGE DE LINDRE-BA
1	Dans un pré salé, à 200 mètres du village.
12	Dans un champ graissé avec du fumier de vach
	NANCY (MEURTHE).
13	Dans un jardin potager.
	CHAMPAGNE (ANNÉE 184
14	Sur une hauteur, au bord de la route, dans un
	DIEUZE (MEURTHE).
15	Dans un pré salé.
16	Dans un pré non salé, au bord du Spin, derriè
17	Au bord du chemin qui conduit de Dieuze à la que.
18	LOUDREFING (VILLAG

La différence entre la teneur en sel des plantes céréales et fourragères récoltées dans les terrains salés naturellement, et celle des plantes provenant des terrains voisins peu salés, est assez grande, comme je l'ai déjà démontré; les résultats d'analyse suivants, obtenus par M. Payen sur des Foins et des Pailles récoltés dans le département des Bouches-du-Rhône, confirment les miens.

FOURRAGES.	EAU pour cent.	CENDRES p. o/o de mat. sèches.	AZOTE POUR o/o de mat. sèches.	AZOTE POUR o/o de mat. organ.	CHLORURE de sodium.	
					pour o/o de cendr.	p. o/o de mat. séch.
Foin de Saint-Gilles (terrain salé)	13	9,19	1,729	1,89	32,86	3,02
Foin d'Orange récolté en mai (terrain salé)	13,5	9,71	1,39	1,54	14,93	1,45
Foin récolté en juillet, même terrain	13,8	9,86	1,723	1,91	15,82	1,56
Foin récolté en octobre	14	9,65	1,98	2,20	12,74	1,23
Paille récoltée sur un terrain salé	11	6,85	»	»	14,52	1,00
Paille récoltée sur un terrain ordinaire, non salé	10	4,44	»	»	14,18	0,63

Ces résultats indiquent que la teneur du sel dans les foins récoltés en terrains salés peut aller jusqu'à 0,03.

Les résultats consignés dans le tableau ci-joint ne sont pas non plus sans importance pour mon sujet. (Voir le tableau ci-joint de M. Parisot.)

De tous les faits exposés dans ce paragraphe découlent naturellement les conséquences suivantes :

1o La présence de l'eau est indispensable dans les terrains salés naturellement pour que la végétation s'y développe sans difficulté. Quand le sol conserve constamment un certain degré d'humidité, et que la teneur en sel ne dépasse pas une certaine limite, environ 0,01, les Céréales et les plantes fourragères peuvent prendre un grand développement.

2° La teneur en sel des plantes cultivées ou croissant naturellement dans divers terrains, est dépendante de la quantité de cet agent qu'elles reçoivent à l'état de solution étendue; la teneur peut aller jusqu'à 22 pour cent dans les plantes sèches des prés salés, et à 1 et même 2 pour cent dans les mêmes plantes crues dans des prairies beaucoup moins salées, sans que la végétation en reçoive pour cela la moindre atteinte, puisqu'elle est toujours forte et vigoureuse.

3° Lorsque l'eau salée tombe en pluie très-fine sur le sol et sur les feuilles, la végétation est dans un état très-prospère; les plantes prennent alors 1 pour cent et au delà de sel, sans que la terre en contienne sensiblement; mais si cette pluie est abondante et que l'air soit sec, le sel, après la volatilisation de l'eau, agit comme caustique et détruit les feuilles, puis les plantes elles-mêmes. De semblables effets sont produits quand la terre, ayant été salée, le sel revient à la surface dans les temps de sécheresse.

4° Quand le sel est présenté en très-petite quantité à la fois aux plantes, par l'intermédiaire de l'eau, elles peuvent en absorber une très-grande quantité qui, une fois introduite dans les tissus, n'est point enlevée sensiblement par les eaux pluviales, ni par le travail incessant de l'excrétion. Il est digne de remarque qu'une faible proportion de cette substance appliquée sur les feuilles ou les racines, sans l'intermédiaire de l'eau exerce des effets désastreux, tandis qu'une forte quantité absorbée, alors qu'elle est dans les tissus, n'empêche pas les plantes de croître avec force.

5° Enfin les résultats de M. Parisot montrent que les diverses parties d'une plante ne renferment pas la même quantité de sel ; en effet, les tiges de Pois, séparées des feuilles, amenées à un grand état de sécheresse, ont donné 0,0038 de sel, les feuilles seulement 0,0027 ; le Foin, 0,0005 ; les tiges de Maïs, 0,0081 ; les feuilles de Maïs, 0,0045; les feuilles jaunes de Maïs qui enveloppent l'épi, 0,008 ; enfin les grains de Maïs, 0,00032.

On voit encore, dans le tableau de M. Parisot, que le sel existe en plus grande quantité dans les plantes herbacées que dans des plantes ligneuses, et que les feuilles et la partie verte en renferment plus que les autres parties.

Ces résultats s'accordent avec ceux que M. Berthier a obtenus dans les analyses des cendres des végétaux, analyses qui montrent que les diverses parties d'une même plante renferment des quantités très-différentes de sels alcalins. Ainsi, les tiges de fanes de Pommes de terre lui ont donné 0, 162 de cendres, et les racines 0,080; les premières renfermaient 0,162 de sels alcalins, les secondes 0,09 à 0,10. Des grosses branches de Chêne lui ont donné 0,012 de cendres contenant 0,15 de leur poids de sels alcalins, et l'écorce 0,06 de cendres renfermant 0,05 de sels alcalins. La paille de Froment et le grain ont également une composition différente.

Les faits recueillis sur l'état de la végétation dans les terrains salés naturellement doivent servir de guides dans les expériences à entreprendre pour étudier les effets du sel en agriculture, comme engrais minéral ; ils sont tellement précis, qu'ils indiquent de suite les bases sur lesquelles on doit s'appuyer et dont on ne saurait s'écarter sans courir le risque de s'égarer.

§ 2. DES OPINIONS ÉMISES SUR LE SEL CONSIDÉRÉ COMME ENGRAIS INORGANIQUE.

Quelle est la nature de l'action exercée par le sel sur la végétation ? Les expérimentateurs et les agriculteurs ont répondu diversement à cette question : les uns ont considéré le sel comme favorisant la végétation, les autres comme lui étant contraire ou ne produisant aucun effet. Cette divergence dans les opinions ne peut s'expliquer, comme il est facile de le comprendre, d'après ce qui a été dit précédemment, qu'en admettant que toutes les expériences n'ont point été faites dans les mêmes conditions. La question étant complexe, il faut, pour la résoudre, chercher comment agit le sel, suivant la composition du sol, ses propriétés physiques, la plus ou moins grande quantité d'eau qu'il renferme ordinairement, en présence ou hors de la présence des engrais organiques ou inorganiques ; en réunissant ensuite tous les faits observés, il sera possible d'en tirer des conséquences pouvant servir à jeter quelque jour sur l'emploi du sel en agriculture, comme engrais inorganique, conséquences qui ne peuvent manquer, du reste, de s'accorder avec celles qui se trouvent à la fin du dernier paragraphe.

Avant de me livrer à cet examen, j'exposerai la manière de voir des personnes qui ont étudié la question.

Davy a avancé que le sel n'agit sur les végétaux probablement qu'en s'introduisant dans leur composition, à la manière du phosphate de chaux et des alcalis employés en petite proportion. Il hâte, dit-il, la décomposition des substances animales et végétales, nuit aux insectes et n'est utile que dans ces cas-là. Il fait observer, avec raison, que l'on s'est élevé contre l'usage du sel en quantité considérable, parce qu'il rend les terres stériles. Les anciens, ajoute-t-il, le savaient également, puisque la Bible rapporte qu'Abimélech, s'étant rendu maître de Sichem, détruisit cette ville de fond en comble, et sema du sel sur l'emplacement qu'elle occupait, afin qu'il ne produisît jamais de récolte. Cette assertion est vraie relativement aux contrées où il ne pleut que rarement, et où le sol est presque toujours dans un grand état de sécheresse, comme en Syrie, tandis qu'elle ne saurait l'être à l'égard des contrées humides, comme les bossis des marais salants en sont un exemple.

Quant à son assertion, que le sel hâte la décomposition des matières animales et végétales, elle n'est vraie que dans certaines limites, car généralement l'expérience prouve le contraire.

Davy dit enfin que la plupart des champs de l'Angleterre, particulièrement ceux qui sont peu éloignés de la mer, contiennent suffisamment de sel pour favoriser la végétation, et que cet agent entre très-probablement comme principe constituant dans les engrais animaux ou végétaux, et qu'administré à petite dose, il favorise la végétation. Cette opinion, quoique favorable à l'emploi du sel en agriculture, ne repose néanmoins sur aucune expérience fondamentale.

M. Boussingault partage l'opinion de Davy; suivant lui, les sels à base de potasse ou de soude, du moins leur base, ne se trouvant dans les plantes qu'en petite proportion, ne doivent exister dans le sol qu'en très-faible quantité. Les végétaux ne renferment effectivement que fort peu de composés à base alcaline, mais on n'a pas encore examiné s'ils ne pouvaient pas en prendre davantage, de manière à acquérir plus de développement et de qualité nutritive en ce qui concerne particulièrement les plantes fourragères. On n'a pas cherché non plus à constater, par des expériences directes, si le sel n'agirait pas comme un stimulant dans le règne végétal comme dans le règne animal. Ces questions doivent être résolues avant de penser aux applications à l'agriculture.

M. Lecoq a fait plusieurs séries d'expériences dans le but de faire connaître l'influence exercée par le sel sur la végétation. Il a commencé par semer du Froment et diverses graines sur du coton trempé dans de l'eau distillée contenue dans des terrines. Les terrines ont été partagées en plusieurs groupes; chaque groupe partiel se composait de deux terrines renfermant chacune la même espèce de graine : l'une renfermait de l'eau distillée, l'autre de l'eau tenant en dissolution un centième de chlorure de sodium, de chlorure de calcium, de sulfate de fer, de nitrate de potasse, ou de l'eau de chaux. Le produit du Froment en vert a été presque double, dans la terrine où se trouvait l'eau salée, de celui de l'autre terrine; dans la terrine où était le chlorure de calcium, le produit a été d'un tiers en sus; dans la terrine à l'eau de chaux, il a été moindre; le Trèfle a donné deux tiers en sus avec l'eau de chaux et dans la dissolution de chlorure de calcium.

Dans des expériences faites sur une plus grande échelle, M. Lecoq a trouvé qu'en semant 150 à 300 kilog. de sel par hectare, la culture de l'Orge, celle du Froment, de la Luzerne était favorisée, et que le chlorure de calcium et le sulfate de soude produisaient le même effet. Il a reconnu, en outre, que le sel améliore la qualité du fourrage des prés humides; le bétail le consomme avec d'autant plus de plaisir qu'il semblait en avoir peu avant que les prés fussent salés. Suivant M. Lecoq, le sel marin stimule, dans les plantes, l'absorption de l'acide carbonique, de sorte qu'il fait vivre les plantes bien plus aux dépens de l'atmosphère qu'à ceux du sol; il donne plus de consistance aux parties vertes, les rend plus fermes, plus épaisses, et leur communique une plus grande force d'aspiration; aussi les plantes qui ont reçu des engrais salins se dessèchent-elles plus difficilement.

M. Lecoq, tout en se prononçant en faveur de l'emploi du sel comme engrais minéral, s'est borné à exprimer son opinion d'une manière générale, sans signaler aucune des circonstances qui favorisent son mode d'action ou lui nuisent. Quant à sa théorie, elle n'est encore qu'à l'état d'hypothèse, vu que les expériences manquent pour prouver que le sel agit particulièrement en favorisant les phénomènes respiratoires des plantes.

M. Mathieu de Dombasle a combattu les conclusions de M. Lecoq, dans une lettre qu'il lui a adressée et dont je vais rapporter quelques passages :

« J'ai exécuté une trentaine d'expériences avec les doses « que vous indiquez, c'est-à-dire de 150 à 300 kilog. de « sel par hectare, en variant l'époque de leur application, « mais en répandant toujours ce sel en poudre sur la ré- « colte en végétation : toujours nullité complète d'effets « appréciables. » M. de Dombasle pense que M. Lecoq a pu être trompé par plusieurs causes d'erreurs : « Par « exemple, dit-il, l'expérience m'a démontré que l'on ob- « tient des résultats bien plus appréciables, dans ces re- « cherches, en les faisant sur une très-petite échelle, sur « un carré de deux mètres; l'œil pouvant alors embrasser « à la fois toutes les limites de cette étendue, la plus légère « différence dans la couleur et dans la vigueur des plantes « apparaît sans pouvoir donner lieu à la moindre hésita-

« tion, et lorsqu'on en a quelque habitude, on compare « très-facilement cet effet à celui que l'on sait être le pro« duit d'une fumure ordinaire, dans les mêmes circons« tances. De semblables questions, quand il n'y a que de « légères différences, ne peuvent être jugées que la ba« lance à la main, l'organe de la vue ne saurait donner « des appréciations positives. »

Ces dernières réflexions sont justes ; mais il est à remarquer toutefois que M. Lecoq s'est servi de la balance pour comparer les effets produits dans ses premières expériences. D'un autre côté, les résultats négatifs obtenus par M. Mathieu de Dombasle ne prouvent rien, puisque nous ignorons dans quelles conditions hygroscopiques il a opéré; toute la question est là : il ne parle effectivement ni de la nature du sol, ni de celle du sous-sol, ni de son état hygroscopique habituel, qui sont les principaux éléments du problème.

M. Daurier a également émis une opinion contraire à celle de M. Lecoq. Depuis plusieurs années, il s'occupe d'expériences suivies touchant l'influence du sel dans la culture des Céréales; mais la marche qu'il a suivie n'est pas celle qui pouvait le conduire à trouver l'action exercée par cet agent dans les cas précédemment cités; en outre, ses observations manquent de données numériques.

Il considère le sel comme un agent dont l'action est simple, tandis qu'elle est très-complexe, comme le lecteur a déjà pu s'en convaincre d'après ce qui a déjà été exposé. Les expériences de M. Daurier ont été faites sur des carrés de 20, 50 et 100 ares, ensemencés de diverses graines, avec ou sans addition de sel. On trouvera ci-après quelques-uns des résultats obtenus :

NATURE du grain.	NATURE DU SOL.	QUANTITÉ de sel répandu par are.					ÉPOQUE où le sel a été répandu.
		1.	2.	3.	4.	5.	
G. Trèfle..	Terre argilo-siliceuse légèrement calcaire........	k. 1, 5	3	0			27 avril 1846.
H. Sarrasin et Trèfle.	Terre rechargée à la hauteur de 20 cent., avec des curures de fossés...	k. 1, 5	3	k. 6	15	30	11 juillet 1846.
K. Prés....	Prairies naturelles non irrigables.............	k. 1, 5	6	k. 30	k. 60	purin de vache étendu d'eau.	28 avril 1846.

Voici les conséquences que M. Daurier a déduites de ces expériences :

G. On n'a remarqué à aucune des diverses époques de la végétation une différence sensible en bien ou en mal dans les six lots.

H. Dans les trois premiers numéros, on n'a observé aucune différence avec les parties non salées; le n° 4 en a offert une sensible en mal sur le Trèfle. Dans le n° 5, le sel a fait périr Trèfle et Sarrazin; dans ce dernier lot, quelques plantes échappées étaient jaunes, petites et rabougries. La saison ayant été sèche, le Sarrazin est devenu de plus en plus malade dans le n° 5.

K. Le 6 mai, les feuilles des Graminées étaient flétries, et cet état augmentait suivant la dose du sel, dans l'ordre des numéros, surtout d'une manière très-marquée et parfaitement tranchée, dans les n°s 3 et 4. Des pluies étant survenues en mai, on a observé le 10 juin que l'herbe repoussait, mais bien moins épaisse, surtout dans les n°s 3

16

et 4. Dans le n° 5, l'effet du purin a été sensible en bien.

Je me bornerai pour l'instant à faire remarquer que M. Daurier a fait abstraction, dans ses expériences, des conditions précédemment énoncées et qui doivent être mises en première ligne dans l'emploi du sel comme engrais minéral, si l'on veut qu'il agisse efficacement ; de plus, en 1846, la saison ayant été sèche, il n'est point étonnant que les n° 3 et 4 qui étaient les plus salés, aient été les plus maltraités. Je ferai remarquer que jamais on n'a eu l'idée que le sel pût remplacer les engrais organiques, et être employé à forte dose, comme l'a fait M. Daurier à l'égard des parcelles 2 et 3. S'il agit comme excitant, il faut nécessairement donner aux végétaux des substances organiques propres à leur servir d'aliments. Ce cas est le même que celui où l'estomac de l'homme recevrait beaucoup de sel et peu de nourriture ; il en résulterait un état de surexcitation suivi de débilité. Voici encore d'autres résultats obtenus par M. Daurier :

NATURE du grain.	NATURE du sol.	QUANTITÉ DE SEL EN POUDRE RÉPANDUE PAR ARE.					ÉPOQUE à laquelle le sel a été répandu.
		N° 1.	N° 2.	N° 3.	N° 4.	N° 5.	
L. Prés.	Prairies naturelles après la 1re herbe.	kil. 1	kil. 3	kil. 6	kil. 12	Purin.	11 juin 1846, après la 1re herbe.
M. Blé.	Terre de consistance moyenne, argile siliceuse.	kil. 1,5	kil. 6	kil. 30	kil. 60	Fumier pourri mis en couverture.	16 octobre 1846.

M. Daurier a déduit de ces résultats les conséquences suivantes :

Le mal produit par le sel n'a été sensible que dans le n° 4 (L), le purin n'a pas agi non plus ; la sécheresse a été très-grande. Quand on ne peut pas irriguer un pré, le sel, si la racine est sèche, ne peut faire que du mal.

Le 22 octobre, la végétation a été la même, dans les lots salés 1-3, comme dans les lots non salés. Ce fait semble indiquer que le sel a été enlevé par les eaux ; sans cela, il y aurait eu retard dans la germination.

Du 26 au 31 octobre, dans le n° 3, il y a eu un peu de retard dans la végétation.

Dans le n° 4 (M), qui avait reçu une quantite énorme de sel, 6000 kilog. de sel, les brins étaient rares, et leur hauteur moyenne était d'environ 4 à 6 centimètres. Les jours suivants, succession de nouvelles tiges de Blé.

Le 6 novembre, dans le même numéro, il ne se montrait pas de nouvelles tiges ; mais celles qui avaient paru les dernières étaient languissantes et malades.

Ces observations sont conformes aux principes que j'ai posés dans mes premières publications sur l'emploi du sel comme engrais minéral, et que M. Daurier paraît avoir adoptés.

Enfin M. Daurier arrive aux conclusions suivantes : *Le sel n'est pas favorable à la végétation. A forte dose, il tue les plantes, ou leur nuit plus ou moins, suivant leur constitution ; à petite dose, il ne produit aucun effet appréciable.* Voilà, il faut en convenir, une opinion exprimée sans aucune réserve ; il est à regretter seulement qu'elle ne soit vraie que dans quelques cas particuliers ; il était donc inutile de la formuler en règle générale. D'un autre côté, avancer que le sel à petite dose ne produit aucun effet appréciable, c'est nier un fait qui a été reconnu par Davy, MM. Boussingault, Gasparin, etc.

Je terminerai ce qui concerne les expériences de M. Daurier en rapportant le résultat des analyses faites par M. Braconnot de quelques-uns des produits précédemment mentionnés.

	Teneur en sel.
Dans la Paille de blé venu en terrain salé; 30 kilogr. par are	0,0061
Paille venue en terrain non salé	0,0018
Paille d'avoine venue en terrain salé	0,007
— en terrain non salé	0,0018
Paille d'orge, terrain salé	0,02
— terrain non salé	0,0053

Les grains venus en terrain salé n'ont point donné de sel à l'analyse.

J'indiquerai plus loin pourquoi M. Braconnot n'a point trouvé de sel dans les grains venus en terre salée.

Les expériences faites en 1846 par MM. Dubreuil, Fauchet et J. Girardin, dans le département de la Seine-Inférieure, conduisent à des conséquences entièrement opposées à celle de M. Daurier.

Ces expériences ont eu lieu sur trois lots de terre de nature argilo-calcaire, ne renfermant que des traces de chlorures.

Chaque lot était divisé en dix parcelles d'une are chacune.

Tous les lots étaient ensemencés en Blé russe, fait sur Trèfle, après avoir été fumés dans la proportion de 35 mètres cubes à l'hectare, ce qui équivaut à une demi-fumure.

Le 10 mars, on a répandu du sel dans les proportions suivantes :

Premier lot.

Sur la 1er parcelle	1 k. de sel.
— 2e	0

Sur la 3e	....	2 k. de sel.
— 4e	....	0
— 5e	....	3
— 6e	....	0
— 7e	....	4
— 8e	....	0
— 9e	....	5
— 10e	....	0

Deuxième lot.

Le 27 avril 1846, on a semé également du sel sur les parcelles 1, 3, 5, 7 et 9, à raison de 1, 2, 3, 4 et 5 kil., en n'ajoutant rien aux parcelles 2, 4, 6, 8 et 10.

Troisième lot.

Ce lot ne contenait que huit parcelles d'un are chacune.

La première parcelle ne reçut rien.

La deuxième reçut, le 8 mai, 100 litres d'eau dans laquelle on avait ajouté 14 litres d'eau ammoniacale provenant d'une fabrique de gaz, marquant 4° à l'aréomètre, et saturée avec trois décilitres d'acide sulfurique.

La 3e parcelle reçut, le 27 avril, 100 litres d'eau renfermant 1 k. de sel.

— 4e	..........100 litres..........	2
— 5e	..........100..........	3
— 6e	..........100..........	4
— 7e	..........100..........	5

— 8e ne reçut ni eau ammoniacale ni sel.

Pendant deux mois, aucune différence ne s'est fait remarquer dans la végétation de toutes les parcelles ; mais ensuite les lots qui avaient reçu du sel prirent une plus belle apparence ; la végétation devint plus vigoureuse, les feuilles plus foncées, plus grandes, les épis plus garnis.

On jugeait facilement à la vue que, dans le premier lot,

La 1re parcelle était plus belle que la 2e.
— 3e — que les numéros 4 et 1.
— 5e — — 6, 3 et 1.
— 7e paraissait la meilleure de toutes.
— 9e moins bonne que la 7e.

A l'approche de la maturité, les parcelles salées versèrent.

Sur les deuxième et troisième lots, les différences entre les parcelles étaient moins sensibles que dans le premier lot. Le Blé ne versa point, à l'exception du Blé de la parcelle qui avait reçu l'eau ammoniacale.

On fit la récolte dans les derniers jours de juillet. On trouvera dans le tableau suivant les résultats obtenus. Les parcelles non salées ayant donné à peu près les mêmes produits, on s'est borné à prendre une moyenne.

NUMÉRO des parcelles.	ENGRAIS SALINS employés.	POIDS TOTAL de la récolte.	POIDS TOTAL de la paille.	POIDS DU GRAIN.	VOLUME DU GRAIN.	POIDS DU LITRE de grain.	RAPPORT DU GRAIN p. % au poids total.	RECETTE BRUTE en argent.
	k. de sel.	k.				k.		
1.	1	53,05	36,75	16,30	20,75	0,785	30,70	5,912
2, 4, 6, 8, 10.	0	55,52	41,87	13,65	17,50	0,780	24,45	5,504
3.	2	58,90	44,50	14,40	18,00	0,800	24,60	5,825
5.	3	60,00	41,00	19,00	21,00	0,904	31,65	6,800
7.	4	70,00	53,50	17,00	21,00	0,809	34,30	6,925
9.	5	66,40	53,50	13,40	17,50	0,765	20,20	6,025

Des résultats consignés dans ce tableau, on déduit les conséquences suivantes :

1° En répandant 200 à 500 kilog. de sel par hectare, on augmente le produit de la récolte. La dose la plus favorable est de 400 kilog., quand le sel est à l'état solide.

2° La dose la plus favorable à la production de la paille est de 400 à 500 kilog. par hectare, tandis qu'elle est de 300 à 400 kilog. pour la production en grains.

3° Si l'on outre-passe la quantité de 400 kilog. par hectare, on produit proportionnellement plus de paille que de grain, et on détermine le renversement de la récolte sur des terres déjà fumées, dans les proportions indiquées.

4° Au prix actuel de 40 fr. les 100 kilog., l'augmentation des produits due à l'emploi du sel, déduite de la dépense occasionnée par cet engrais, se traduit le plus souvent en perte. La perte varie de 10 à 150 fr. par hectare.

5° En portant le prix du sel à 20 fr. les 100 kilog., si on l'emploie à la dose de 300 à 400 kilog. par hectare, il y a un bénéfice qui varie de 61 à 78 fr. pour le sel répandu en hiver, et de 5 à 30 fr. pour celui répandu au printemps.

6° Employé en dissolution et sous forme d'arrosement au printemps, le sel produit aussi une augmentation de récolte, tant en paille qu'en grains, et la dose la plus productive a été de 500 kilog. par hectare.

Le prix du sel étant à 40 fr. les 100 kilog., il y aurait un bénéfice de 10 à 60 fr. pour les doses de 200 à 300 kilog.; les doses de 400 à 500 kilog. donneraient de la perte. Le prix étant abaissé à 20 francs, on aurait à toutes les doses du bénéfice, à savoir, de 75 fr. à 40 fr. par hectare pour les doses de 200 à 300 kilog., de 35 à 45 seulement pour celles de 400 à 500 kilog.

7° L'eau ammoniacale, saturée par l'acide sulfurique, à la dose de 1400 litres par hectare, ce qui a occasionné une dépense de 21 fr. 60 c., a donné des résultats à peu près identiques à ceux du sel administré à la dose de 400 kilog.; dans ce cas, il y aurait perte.

8° Enfin, le poids du litre de grain augmente jusqu'à la dose de 3 kilog. par are.

Ces résultats sont d'une très-grande importance, on ne saurait en disconvenir; mais je ferai remarquer qu'ils sont dépendants jusqu'à un certain point de la nature du sol sur lequel on a expérimenté :

M. de Girardin, en rendant compte de ces expériences, a fait quelques réflexions qui méritent d'être rapportées, parce qu'elles indiquent que les résultats précédents ne doivent pas être considérés comme pouvant s'appliquer à tous les cas. Je ferai remarquer que l'on a opéré sur une terre argilo-calcaire qui est très-favorable à l'emploi du sel, si elle conserve surtout constamment un état hygroscopique convenable. Dans des terres légères qui ne seraient pas humectées par des réservoirs inférieurs, les résultats auraient été bien différents.

Pour expliquer les effets favorables résultant du concours simultané du sel et du calcaire, M. de Girardin invoque une observation qui a été faite au commencement de ce siècle, et que j'ai déjà eu l'occasion de mentionner : si, dans du sable humecté avec une dissolution de sel marin, on ajoute de la craie en poudre, et qu'on abandonne ce mélange aux influences atmosphériques, on voit apparaître des efflorescences de carbonate de soude, composé qui active, comme on sait, la végétation. En donnant donc du sel marin à un terrain qui renferme du carbonate de chaux, on lui fournit en réalité du carbonate de soude.

M. de Girardin conseille en conséquence de former une espèce de compost avec du sel, deux parties de chaux ou de craie et une quantité d'eau suffisante pour que le tout soit humecté. On expose ce compost dans un lieu couvert, à l'ombre, afin de le transformer en chlorure de calcium et en carbonate de soude : cette transformation opérée, on répand la matière sur le sol.

Les réactions invoquées par M. de Girardin n'ont lieu toutefois que lorsque ce mélange ne renferme qu'une quantité d'eau suffisante pour permettre le jeu des affinités; car lorsqu'elle dépasse une certaine limite, il s'opère une double décomposition en vertu de laquelle il se reforme du carbonate de chaux et du chlorure de sodium. Il suit, de là, que ce compost ne produirait d'effet qu'autant que le sol ne serait que très-peu humide, cas où les efflorescences de carbonate de soude apparaissent.

Les expériences de MM. Dubreuil, Fauchet et J. Girardin doivent être prises en sérieuse considération, parce qu'elles paraissent être faites dans une bonne direction; on ne peut leur adresser qu'un seul reproche : c'est d'avoir négligé de mentionner l'état hygroscopique du sol, qui joue un si grand rôle dans la réaction du sel sur les végétaux.

Ces expériences ne sont pas les seules qui, après celles de M. Lecoq, viennent confirmer les avantages de l'emploi du sel marin en agriculture comme engrais inorganique; je mentionnerai encore celles de M. Éric de Béru, qui a cultivé pendant quatre ans 36 ares d'un champ rempli de Fougère; après quoi, il a semé du Trèfle dans les 36 ares labourés en six planches de 6 ares chacune, en y répandant du sel, sur quatre d'entre elles, dans la proportion de 2, 5, 10 et 20 litres, et ne mettant rien sur les deux autres. Le Trèfle a été admirable pendant cinq ans, sur les planches qui avaient reçu 10 ou 20 litres de sel ; il fut moins bon et moins durable sur les deux autres planches salées ; sur les deux autres planches non salées, le Trèfle leva, mais périt l'hiver suivant.

Un champ de 5 hectares, qui avait reçu pour 270 fr. de sel il y a sept ans, donne encore plus que les autres, et du grain tellement supérieur en qualité, qu'on le conserve toujours pour semence.

Je mentionnerai à ce sujet des expériences de M. Quénard, qui ne sont pas non plus sans intérêt. L'une d'elles tend à montrer que le sel éprouve avec le temps, dans certaines terres, une décomposition par suite de laquelle la végétation devient plus active.

Ces expériences ont été faites dans une terre de nature argileuse, propre à la culture du froment. M. Quénard prit, dans une pièce de plusieurs hectares, ayant reçu toutes les façons, des lots de 22^{ares}, 10 chacun ; dans le premier, qui n'avait point eu de fumure, il fit jeter à la volée, le 14 octobre 1846, 116 kilog. de sel et deux doubles décalitres de Froment qui ont été enterrés à la charrue.

Dans le second, qui avait reçu une fumure, ainsi que dans le reste de la pièce, on a semé et enterré les mêmes quantités de sel et de Froment.

Trois semaines, un mois après, les parties fumées et non salées montraient de nombreuses tigelles, tandis que dans le lot salé et non fumé on n'apercevait çà et là que des plumules languissantes. L'absence de fumure pouvait être la cause du retard que la végétation éprouvait.

Dans le terrain salé et fumé, les jeunes plants avaient en général l'aspect de ceux du terrain fumé, seulement les tiges paraissaient en retard ; j'en dirai plus loin la cause.

A partir de la première quinzaine de novembre jusqu'à la fin de mai, l'avantage était en faveur du terrain fumé et non salé. Le Blé soumis à l'influence du sel était d'un vert glauque, n'offrant que deux ou trois tiges par thalle. Au retour de la belle saison, le Blé salé parut sortir de son engourdissement, les tiges herbacées grandirent et les feuilles devinrent plus larges.

Le Blé fumé et non salé croissait également et montrait des tiges toujours plus nombreuses, plus hautes et plus vigoureuses. Les chaleurs de juillet, jusqu'à la maturité des grains, apportèrent un changement favorable et inattendu. Le Blé fumé et non salé était parvenu au terme de son développement, les épis jaunissaient, quand les tiges du Blé salé, toujours d'un vert glauque, retrouvèrent une énergie vitale qu'elles n'avaient pas encore eue : elles se mirent à croître pour ainsi dire à vue d'œil, et s'élevèrent à la hauteur de celles dont la végétation était terminée et finirent même par les surpasser en élévation et en grosseur ; elles avaient l'avantage, sur les tiges du Blé fumé, d'une contexture plus ferme, qui les rendait moins sujettes à verser. Peut-être doit-on attribuer cet avantage à un nombre d'épis moins considérable pour la même superficie.

Quant au Blé du terrain salé et fumé, les plants atteints le plus vivement au commencement de la germination, restèrent toujours faibles et retardataires, de même que ceux qui avaient été soumis uniquement au régime salé.

La maturité du Blé fumé, non salé, eut lieu quinze jours avant celle du Blé salé non fumé. La paille de ce dernier était plus riche et plus ferme que celle du Blé fumé ; les tuyaux étaient plus gros, et la paille ressemblait à celle du Blé cultivé en terre siliceuse.

Comparaison faite entre les produits du terrain fumé

et ceux du terrain salé et non fumé, la différence a été au préjudice du dernier, comme on devait s'y attendre, car jamais on n'a dû croire que le sel pût remplacer les engrais organiques, autrement dits *matières azotées.*

Il est à regretter que M. Quénard n'ait pas établi, au moyen de pesées, la différence entre les produits des terrains fumés et non salés et ceux des terrains fumés et salés ; c'était là le point essentiel de la question.

Le même agriculteur a fait diverses expériences en répandant du sel en grains sur les tiges herbacées de diverses plantes, dans le mois d'avril ou de mai, en double quantité de celle qui avait été employée lors des semailles :

1° Sur une planche plantée de Pommes de terre;

2° Sur une planche plantée ensemencée en Blé ;

3° Sur une planche d'Avoine.

Le sel n'a produit la première année aucun effet sensible à la vue sur les trois cultures; depuis cette époque, il y a de cela sept ans révolus, ce terrain salé n'a cessé de se reconnaître, chaque année, à la belle venue des cultures. En 1847, l'effet a été moins sensible ; il est probable que cet effet salutaire est dû à la réaction du calcaire sur le sel, fait signalé par M. Girardin et par d'autres expérimentateurs.

Je suis entré dans quelques détails sur les opinions émises jusqu'ici par les agriculteurs, touchant l'action du sel employé comme engrais inorganique dans la culture des Céréales et des plantes fourragères, pour mieux faire ressortir leur divergence, et montrer en même temps que les expérimentateurs n'ont pas opéré tous dans les mêmes conditions ; ainsi, la plupart ont négligé l'état hygroscopique du sol, et ont ignoré à peu près les effets produits par le sel sur la germination ; quelques-uns seulement les ont entrevus.

Je ne terminerai pas cet historique, sans parler des considérations publiées par M. Chevreul sur l'emploi du sel dans l'économie animale et végétale, et qui trouvent naturellement leur place ici :

« Si le sel, ou ses éléments, se trouve dans tous les végé« taux cultivés, s'il en favorise le développement, quand « on l'ajoute à un sol qui n'en contient pas suffisamment, « il faut reconnaître que la proportion où il cesse de leur « être utile est bientôt atteinte, et qu'au delà il leur nuit « aussi bien qu'aux animaux auxquels on le donne, passé « la quantité de la limite nécessaire à leurs besoins. Or « il est à remarquer que, lorsqu'un principe qui se trouve « dans les plantes n'existe pas dans le sol, il faut le four« nir à ce dernier; mais pour ce motif que, lorsqu'il est « dépourvu de phosphate, dont la présence est indispen« sable pour le développement des Céréales, il faut lui « en donner.

« Dans l'emploi du sel destiné à l'alimentation, tout le « sel ajouté à un aliment est consommé; il n'y a donc pas « de perte; tandis qu'en agriculture, il faut nécessaire« ment compter que le sel répandu dans un sol exposé à « recevoir les eaux pluviales ne pourra jamais pénétrer « en entier dans les plantes que ce sol portera : il y aura « donc une perte, et cette perte variera avec l'inclinaison « du sol et les fissures plus ou moins profondes qui pour« ront en interrompre la continuité. Elle sera d'autant « plus forte, toutes choses égales d'ailleurs, qu'il y aura « une plus grande quantité d'eau pluviale qui, après avoir « lavé le sol, sera entièrement perdue pour lui. Partout « donc où des terrains inclinés la conduisent à des cours « d'eau qui, en définitive, ont leur embouchure dans la « mer, le sol sera par là même exposé à perdre une por-

« tion plus ou moins grande de la matière soluble des en-
« grais qu'on y aura répandus. On voit donc l'utilité qu'il
« y a, dans les montagnes, de recueillir tous les engrais
« solides et liquides qu'on peut s'y procurer, puisque là
« les chances de perte sont bien plus grandes que dans les
« pays de plateaux. Ces considérations expliquent très-
« bien comment le sel se distribue des pays à salines aux
« pays qui en sont dépourvus, soit pour l'usage de l'hom-
« me, soit pour l'économie agricole, et comment une
« grande partie de ce sel retourne à la mer par les ruis-
« seaux, les rivières et les fleuves. » De ces considérations, M. Chevreul tire les conséquences suivantes :

1° Le sel est nécessaire à l'économie animale et végétale; aussi le trouve-t-on partout où il existe des animaux et des plantes;

2° Le sel n'est indispensable aux animaux et aux plantes que dans certaines proportions, au delà desquelles il leur nuit évidemment;

3° Pour évaluer ces proportions dans des cas donnés, il faut avoir égard aux quantités de sel déjà contenues dans les aliments solides et liquides, s'il s'agit d'animaux, et dans les engrais, le sol et l'eau souterraine qui peut arriver aux racines, s'il s'agit des végétaux.

Les quantités de sel ajoutées aux aliments ou répandues sur un sol sont donc complémentaires des quantités déjà existantes, dans ces aliments ou dans ce sol, pour composer les quantités normales les plus convenables à la vie.

Ces considérations, inspirées par la plus saine philosophie, sont exactes, envisagées d'une manière générale ; aussi doivent-elles être prises en considération par les expérimentateurs praticiens.

§ 3. DES EFFETS OBSERVÉS PAR M. KUHLMANN TOUCHANT L'ACTION EXERCÉE SUR LA VÉGÉTATION PAR LES SELS INORGANIQUES, ET EN PARTICULIER, LE SEL MARIN, ASSOCIÉS AUX ENGRAIS ORDINAIRES.

M. Kuhlmann a fait des expériences remplies d'intérêt sur la fertilisation des terres par les sels inorganiques, et en particulier le sel marin en présence des engrais organiques; je vais essayer d'en donner une idée, parce qu'elles se rattachent à mon sujet.

Ces expériences ont été faites avec la matière saline seule et avec la même substance associée à un sel ammoniacal, ou à une substance azotée; enfin, il a comparé le tout à des surfaces intercalées, sur lesquelles on n'avait pas mis d'engrais.

M. Kuhlmann a pris pour sujet de ses expériences des prairies qui se prêtent mieux à une succession non interrompue de récoltes de même nature. Le sol du pré était argileux, condition favorable à l'emploi des sels solubles, qui peuvent ainsi revenir à la surface dans les temps de sécheresse. On y avait semé trois ans auparavant des graines d'herbe ordinaire. Chaque compartiment avait une superficie de trois ares. Les substances soumises à l'essai ont été semées le 20 avril pour 1845, et le 16 avril pour 1846, après avoir été dissoutes dans mille litres d'eau pour chaque compartiment. Les récoltes ont été faites du 10 au 15 juin, et les regains ont été coupés vers la fin de septembre. Voici les principaux résultats obtenus :

Pendant les deux années, le chlorhydrate d'ammoniaque employé seul a constamment augmenté la récolte. En 1845, cette augmentation a été pour la récolte de Foin, et comparativement aux parties non fumées, dans le rapport de 136 à 100. L'augmentation a porté sur le Foin seul, le regain s'est trouvé diminué de 20 pour cent.

En 1846, le chlorhydrate d'ammoniaque a augmenté la récolte du Foin dans le rapport de 158 à 100.

L'association du chlorhydrate d'ammoniaque au carbonate ou au phosphate de soude, au phosphate de chaux, aux cendres de tabac et aux cendres de houille, dans les proportions employées, a fourni, en 1845, pour tous les essais, une augmentation plus ou moins grande dans l'ensemble des récoltes.

En 1845, le phosphate de soude et le phosphate de chaux, employés seuls ou associés au sel ammoniaque, ont exercé sur la végétation une action utile et même très-remarquable.

En 1846, sous l'influence de la sécheresse, l'action a été nulle. Le phosphate de soude a même donné un faible manquant.

Pendant cette même année, diverses autres matières salines, au lieu d'augmenter la récolte, l'ont fait sensiblement diminuer; c'est ce qui est arrivé à l'égard du carbonate de soude, de la chaux éteinte, du plâtre cuit et de la craie. Ces deux derniers produits n'avaient donné que des résultats négatifs, en 1845.

Les cendres de houille et celles de tabac ont donné des effets très-avantageux en 1845 et 1846.

La première année, *qui a été constamment humide*, ces matières ont développé une riche végétation, même jusqu'à la récolte du regain. En 1846, année sèche, les parties fumées avec des cendres de tabac n'ont pas été plus fertiles que celles qui n'avaient pas reçu d'engrais, tandis que les cendres de houille ont occasionné une réduction notable de récolte.

Le sel marin, associé au chlorhydrate d'ammoniaque, a produit, en 1845, un excédant de récolte en Foin, généralement plus grand que les matières salines précédentes; mais il a présenté surtout un excédant remarquable en regain; son action a été plus prolongée. Le sel employé seul a encore donné des résultats très-significatifs, bien que la quantité répandue sur la terre n'ait été que de 200 kilogr. par hectare.

En 1846, sous l'influence de la sécheresse, le sel marin, de même que toutes les autres matières salines minérales employées, n'a produit qu'un résultat insignifiant. Sur une récolte de 5823 kil. de Foin, le regain ayant totalement manqué, le sel marin n'est intervenu, en moyenne, que pour 347 kilogr., soit qu'il ait été associé au sel ammoniac, ou qu'il ait servi seul d'engrais; tandis qu'en 1845, la même quantité de sel marin a augmenté la récolte de Foin de 725 kilogr., et la récolte totale de l'année, de 1159 kilogr.

Les résultats suivants feront connaître les avantages obtenus avec le concours du sulfate d'ammoniaque et du sel, ou avec le sel marin seul.

Essai d'engrais sur une prairie naturelle en 1846.

NUMÉROS d'ordre.	NATURE DES ENGRAIS répandus le 20 avril 1846, par hectare.		FOIN récolté le 8 juin 1846.	EXCÉDANT dû aux engrais.
		kil.		
1	Aucun engrais		3323	»
2	Sulfate d'ammoniaque	200	5856	2533
3	Sulfate d'ammoniaque Sel marin	200 133	6496	3173
4	Sel marin	133	3706	383

Les chiffres les plus élevés des récoltes se rapportent à des parties fumées par les sels ammoniacaux ou le sel marin, soit seuls, soit associés ensemble. Les produits ammoniacaux impriment aux plantes une coloration en vert sombre, qu'on ne remarque pas pour aucun engrais non azoté. En rapprochant ces résultats d'autres résultats obtenus avec des nitrates, *on voit que*, *dans la plupart des cas, les matières salines minérales augmentent l'effet salutaire des composés azotés*, *mais sous l'influence toutefois d'une grande humidité, la sécheresse paraissant très-contraire à l'efficacité de l'action des matières salines;* c'est ce principe que je cherche à établir depuis près de deux ans avant qu'on ait songé à l'appliquer. M. Kuhlmann en tire la conséquence, que le sel marin peut être d'une grande utilité pour activer la fertilité des terrains humides, et qu'il est inutile et peut même nuire à la végétation dans les terrains secs et élevés; encore ne faut-il pas outre-passer certaines proportions, puisqu'il est reconnu que les terrains qui bordent la mer sont stériles, quand ils renferment trop de sel.

M. Kuhlmann arrive à cette conclusion, que les principes azotés ont la part principale de l'action des engrais; que les principes salins *ont aussi leur part d'influence, qui est d'autant plus efficace que l'on présente aux végétaux ces matières salines dans des conditions convenables de solubilité,* pour que l'absorption par les plantes puisse avoir lieu graduellement et éviter toute perte par les pluies abondantes.

M. Kuhlmann admet, d'après ses expériences, que le fumier n'agit pas seulement par les parties salines qu'il contient, et qu'il faut reconnaître que, pour certaines plantes, les engrais salins de nature inorganique jouent un plus grand rôle que pour la généralité des plantes. En prenant pour exemple la Vigne, M. Kuhlmann fait observer que le Raisin contient une si grande quantité de tartrate de potasse, qu'il est nécessaire que le fumier ou le sol lui-même apporte l'alcali nécessaire pour constituer le tartrate; que relativement aux Céréales, les phosphates leur sont plus utiles que pour les matières herbacées, qui n'ont presque besoin que d'engrais azotés.

Les faits observés par M. Kuhlmann tendent donc à montrer que, pour obtenir une bonne végétation, il est nécessaire d'associer, aux principes salins des cendres, un principe azoté.

Pour mettre en évidence les conséquences qui découlent des expériences précédemment mentionnées, M. Kuhlmann a fait plusieurs séries d'expériences, d'abord sur trois hectares de prairies, dont l'un a été fumé avec diverses substances salines associées en proportions convenables pour représenter assez exactement la composition des cendres de Foin ; puis sur un autre hectare fumé avec les mêmes sels, mais en remplaçant le carbonate de soude du premier par son équivalent de nitrate de soude ; enfin, sur un hectare qui avait reçu seulement la quantité de nitrate de soude de l'essai précédent. Les résultats ont été comparés à ceux que l'on avait obtenus dans un hectare de pré non fumé.

NUMÉROS d'ordre.	NATURE DES ENGRAIS répandus le 20 avril 1846, pour un hectare.		FOIN récolté le 8 juin 1846.	EXCÉDANT dû aux engrais.	MANQUANT dû aux engrais.
		kil.			
1.	Aucun engrais............	»	3323	»	»
2.	Sel marin................ Carbonate de soude sec...... Sulfate de soude.......... Silicate de potasse......... Chaux vive............... Phosphate de chaux des os...	67 127 83 350 300 180	2890	»	433
	Sel marin................. Nitrate de soude........... Sulfate de soude........... Silicate de potasse......... Chaux vive............... Phosphate de chaux des os..	67 200 83 350 300 180	4660	1336	»
4.	Nitrate de soude..........		4726	1403	»

Ces résultats montrent que le nitrate de soude a produit des effets bien marqués, tandis que les autres sels ont diminué la récolte au lieu de l'augmenter. Ces expériences ont été faites, il faut le dire, en 1846, année fort sèche, pendant laquelle les matières salines n'ont pas été dans des conditions de solubilité convenables pour produire un effet continu et régulier.

Les expériences de M. Kulhmann mettent en évidence plusieurs propriétés importantes du sel marin : la première, qu'il peut être d'une grande utilité pour activer la fertilité des terrains humides; la deuxième, que son influence, ainsi que celle des composés salins, est d'autant plus efficace qu'on les présente aux végétaux dans des conditions de solubilité convenables; la troisième, que pour obtenir une bonne végétation, il faut associer un principe azoté aux principes salins.

§ 4. DE L'INFLUENCE DU SEL SUR LES PREMIERS ACTES DE LA VÉGÉTATION.

Lorsqu'on veut connaître les meilleures méthodes à employer pour la fabrication de produits chimiques, on commence par des essais de laboratoire, attendu que les réactions chimiques qui ont lieu dans les opérations en grand sont identiques avec celles qui se manifestent dans des appareils de petites dimensions ; l'application à l'industrie n'est plus ensuite qu'une question de chiffre, sous le rapport de la dépense. On doit en agir de même à l'égard des recherches relatives à l'action exercée par les composés salins sur la végétation ; il suffit effectivement d'observer les effets produits sur quelques plants d'un végétal pour en tirer des conséquences générales sur le rôle que peuvent jouer ces substances en agriculture. En opérant sur une petite échelle, on réunit très-facilement les conditions qui paraissent les plus favorables au succès des expériences, et l'agriculteur examine ensuite si elles sont de nature à être admises ou non dans la pratique. Tels sont les principes qui m'ont guidé dans les recherches que j'ai entreprises pour savoir jusqu'à quel point le sel ordinaire (chlorure de sodium) pouvait être employé avantageusement dans la culture des Céréales, dans celle des plantes fourragères et autres.

L'action des engrais est plus ou moins efficace, et plus ou moins persistante, selon leur degré de solubilité ou d'insolubilité dans l'eau. Dans le premier cas, suivant la nature du sol et celle du sous-sol, l'engrais peut être entraîné en totalité ou en partie par les eaux pluviales, et son action est alors nulle ou peu marquée ; dans le second cas, l'engrais restant plus ou moins de temps en contact avec le sol, son action est plus ou moins efficace, selon la nature de l'engrais et son degré de solubilité.

Des observations multipliées ayant prouvé que la présence de l'eau, dans les terrains salés naturellement, est indispensable pour que la végétation puisse s'y développer convenablement, on a donc eu tort, dans les expériences faites jusqu'ici, ou du moins dans presque toutes les expériences, de négliger l'état hygroscopique du sol, lequel exerce une si grande influence sur les effets produits.

D'un autre côté, en répandant du sel en proportion convenable, en même temps que la semence, on n'a jamais cherché à se rendre compte de son action, en ayant égard à l'état hygroscopique du sol :

1° Dans la germination,

2° Depuis la germination jusqu'à la floraison,

3° Enfin, depuis cette troisième période jusqu'à la mort naturelle de la plante.

Si l'on veut étudier d'une manière analytique les propriétés du sel considéré comme engrais minéral, il faut suivre cette marche, qui permet d'envisager la question sous toutes ses faces, puisqu'elle met à même d'observer les effets produits, non-seulement dans toutes les phases de la végétation, mais encore suivant les diverses conditions introduites dans les expériences.

Désirant que l'état hygroscopique de la terre fût constamment le même dans la première série d'expériences relatives aux effets du sel sur la germination, on a opéré comme il suit : Des pots en terre cuite de 3 décimètres de diamètre et de 4 décimètres de hauteur, percés en dessous, ont été remplis aux deux tiers de graviers, pour permettre le filtrage des eaux ; on a mis au-dessus un mélange de terre fraîche et de terreau, deux tiers de la première et un tiers du second. Chaque pot a été placé dans un autre rempli d'eau jusqu'à la hauteur du gravier. Au fur et à mesure que l'eau s'évaporait dans le pot intérieur, elle était remplacée par celle du pot extérieur, qui était aspirée et dont le niveau était invariable. La terre se trouvait ainsi dans un état constant d'humidité.

On a semé ensuite, dans deux pots semblablement disposés, la même quantité de graines, et on a dissous 20 grammes de sel dans l'eau de l'un des appareils, dont le volume était de 1 litre 50 cent. Le sel, sans cesse ramené à la surface de la terre, était redissous dans l'eau non saturée, remplaçant celle qui était évaporée. Le niveau de l'eau était maintenu constant.

Le 17 juillet 1847, on a semé 2 grammes de Ray-grass dans chaque appareil; l'appareil n° 1 fonctionnait avec de l'eau pure, l'appareil n° 2 avec de l'eau salée.

Le 21, toutes les graines étaient levées dans l'appareil n° 1, tandis que dans l'autre il n'y en avait que quelques-unes seulement.

Le 25, dans l'appareil n° 1, les tiges avaient 2 centimètres de haut; dans le n° 2, le quart des graines seulement était levé, et encore les tiges n'avaient-elles que quelques millimètres de haut.

Le 4 août, les plantes du n° 1 avaient 10 centimètres et celles du n° 2, dont le nombre n'était que le tiers des plantes de l'autre, 6 centimètres. La végétation a continué jusqu'au 20 août, en présentant toujours les mêmes différences.

Les proportions de sel étaient telles dans l'eau, qu'il en est résulté, non-seulement un retard dans la germination, ainsi que dans la végétation qui l'a suivie, mais encore la destruction des deux tiers des graines. Les plantes ont été lavées, séchées et incinérées pour la détermination des quantités de chlorures renfermées dans les cendres. L'analyse a donné :

PREMIÈRE SÉRIE D'EXPÉRIENCES.

Première expérience.

Ray-grass soumis au régime non salé.

	gr.
Plantes sèches	18,00
— incinérées	4,06
Chlorures contenus dans les cendres	0,129
ou 0,006 du poids des plantes sèches.	

Ray-grass soumis au régime salé.

	gr.
Plantes sèches	7,00
— incinérées	1,00
Chlorures contenus	0,385
ou 0,055 de leur poids sec.	

On voit donc que le Ray-grass soumis au régime salé a pris une teneur considérable de sel ; mais il est à observer que la plupart des graines n'ont pas levé.

Deuxième expérience.

Le 22 juillet, on a semé, dans deux autres appareils, 10 grammes de Moutarde blanche, 5 dans chaque ; le n° 1 fonctionnait comme précédemment avec de l'eau ordinaire, le n° 2 avec de l'eau salée.

Le 25, toutes les graines étaient germées dans l'appareil n° 1, tandis que dans l'autre les grâines étaient seulement gonflées. Le 31, les tiges du n° 1 avaient 8 centimètres de haut, et celles de l'appareil n° 2, 2 centimètres seulement.

Le 4 août, le rapport des hauteurs était sensiblement de 20 à 4.

L'expérience a été arrêtée le 20 août. L'analyse a donné :

Moutarde soumise au régime non salé.

	gr.
Plantes sèches	59,00
— incinérées	17,00
Teneur en chlorures pour 100 gr. de plantes sèches	0,530

ou 0,0053 de leur poids.

Moutarde soumise au régime salé.

	gr.
Plantes sèches	30,00
— incinérées	7,00
Contenance en chlorures pour 100 gr. de plantes sèches	7,7

ou 0,077 de leur poids.

Troisième expérience.

Des graines de Vesce ont été soumises également au régime non salé et au régime salé, pendant et après la germination ; les graines semées dans l'appareil où se trouvait l'eau salée n'ont pas germé, elles ont gonflé, et l'embryon a dépéri peu à peu.

Quatrième expérience.

Le 23 juillet, on a semé par parties égales 10 grammes de Ray-grass, dans deux pots disposés comme il a été dit précédemment, mais d'un diamètre double, et placés dans deux baquets contenant chacun 8 litres d'eau. Sur la terre de l'appareil n° 2, offrant une superficie d'environ 4 décimètres carrés, on a répandu 3 grammes de sel.

Le 30 juillet, la végétation était la même sensiblement dans les deux appareils, mais les tiges de l'appareil n° 1 avaient un peu plus de longueur que celles du n° 2 ; il n'y avait donc eu jusque-là qu'un très-faible retard dans le développement de la végétation.

Le 9 août, on a dissous 100 grammes de sel dans les 8 litres d'eau de l'appareil n° 2. Le 15 août la végétation continuait à être vigoureuse dans les deux appareils; on a ajouté encore 20 grammes de sel à l'eau du n° 2. *La grande quantité de sel fournie aux plantes après la germination, en présence de l'eau*, n'a point empêché la végétation de se développer avec force; ainsi la germination une fois achevée, une addition de sel a cessé d'affecter le développement des plantes. Il existait toutefois une légère différence entre les hauteurs des tiges, en faveur du n° 1, non salé.

Je signalerai un fait assez remarquable qui s'est produit dans cette expérience, et que j'ai eu l'occasion d'observer dans d'autres cas semblables : lorsque le ciel était très-pur, la rosée se déposait le matin assez abondamment sur les feuilles de Ray-grass soumis au régime non salé, tandis qu'il n'y en avait point sur les feuilles de l'autre appareil.

On a interrompu l'expérience le 15 septembre. L'analyse a donné :

Ray-grass soumis au régime non salé.

	gr.
Plantes sèches	24,00
— incinérées	11,00
Contenance en chlorures pour 100 gr. de plantes sèches	0,250

ou 0,0025 de leur poids.

Ray-grass soumis au régime salé.

	gr.
Plantes sèches	18,00
— incinérées	5,00
Contenance en sel de 100 gr. pour plantes sèches.	3,200

ou 0,032 de leur poids.

Conséquences déduites de la première série d'expériences.

Les deux premières expériences démontrent que le sel marin en dissolution, en forte proportion, même en présence de l'eau, retarde la germination des graines de Ray-grass et de Moutarde blanche, et tue même une partie des embryons; la troisième expérience, que le même agent détruit complétement celle des graines de Vesce; la quatrième expérience indique un très-faible retard dans la germination et la végétation qui la suit; il semblerait que lorsque le sel a retardé sensiblement la germination, les jeunes plantes se ressentent encore pendant un certain temps de l'action que la graine a éprouvée lorsque la vie a commencé à se développer.

Ne pourrait-on pas interpréter, comme il suit, cette tendance du sel à retarder les premiers développements de la vie végétale? Lorsqu'une graine est soumise aux actions combinées de l'eau, de l'air et de la chaleur, elle se gonfle; la matière amylacée des cotylédons se change en gomme et en sucre destinés à la nourriture et au développement de l'embryon; ces substances remplacent le lait dont se nourrissent les jeunes animaux dans le premier âge. Or, le sel s'opposant, en général, à la décomposition des matières organiques, la matière amylacée n'éprouve alors que difficilement les changements nécessaires pour fournir à l'embryon les aliments qui lui sont indispensables pour se développer. Si la dose est suffisante pour s'opposer à tout changement dans la matière amylacée, pendant un certain temps, l'embryon doit éprouver une altération plus ou moins profonde dans sa constitution, vu le manque d'aliment pour se développer, et dont il se ressentira plus ou moins longtemps, dans le cours de la végétation.

On voit enfin que les plantes de Ray-grass et de Moutarde blanche non soumises au régime salé et amenées au plus grand degré de dessiccation, ont indiqué à l'analyse une teneur en chlorures alcalins de 0,0066, 0,0053 et 0,0025. Ces chlorures provenaient du terreau et des eaux du pays qui en renferment de très-petites quantités. Les plantes soumises au régime salé ont donné 0,055, 0,077 et 0,032 pour teneur, c'est-à-dire une teneur dix fois plus considérable.

Je ferai remarquer que la Moutarde a pris jusqu'à près de 8 p. cent de sel ! teneur considérable, qui est en rapport avec la quantité de sel en dissolution. Dans les expériences qui précèdent, j'ai forcé cette quantité, pour donner de suite une idée de l'action produite sur la germination, quand le sel se trouve en présence de la graine dans une proportion telle que la matière amylacée ne puisse éprouver que des changements lents sous les influences combinées de l'air, de l'eau et de la chaleur.

Le sel mêlé au sol, à l'état de dissolution dans l'eau, réagit donc sur la germination en produisant des effets qui dépendent de la dose employée. Si la quantité est considérable, la germination n'a point lieu ; si elle est moindre, quelques graines lèvent ; si elle est moindre encore, il y a seulement retard dans la germination. Enfin, on verra ultérieurement, qu'en l'employant à une dose modérée, le retard n'est plus appréciable et la végétation en reçoit des effets salutaires.

DEUXIÈME SÉRIE D'EXPÉRIENCES.

Dans la série qui précède, j'ai eu pour but de mettre en

évidence un fait général qui domine le rôle que peut jouer le sel en agriculture comme engrais inorganique : je veux parler de son action sur la germination. Il faut en étudier maintenant les effets, afin de bien préciser ce qui arrive quand on varie les proportions de cette substance.

Les expériences qui composent cette série ont été faites dans six terrines, ayant chacune 3d.,5c. de superficie, et renfermant 1k.,886 de bonne terre végétale, légèrement humectée. Dans chacune d'elles on a semé, le 9 février 1848, trente grains de Froment choisis ; on a mis en outre :

	Quantité de sel.
Dans le n° 1	0,00
n° 2	1,75
n° 3	3,50
n° 4	5,25
n° 5	7,00
n° 6	8,75

Le 18 février, les tigelles parurent dans le n° 1.
Le 19 .... dans le n° 2.
Le 20 .... dans le n° 3.
Le 22 .... dans le n° 4.
Le 24 .... dans le n° 5.
Le 26 .... dans le n° 6.

Or la dose de sel du n° 1 correspond à 500 kilog. par hectare, dont l'épaisseur de la couche de terre est de trois centimètres.

Celle du n° 3 à	1000 kil.
n° 4 à	1500
n° 5 à	2000
n° 6 à	2500

Ce qui revient à dire que la terre du

n° 2 renferme	0,00092 de sel.
n° 3	0,00184
n° 4	0,00276
n° 5	0,00368
n° 6	0,00460

Ces données fournissent des rapports entre les quantités de sel intimement mêlées au sol, et les retards apportés à la germination par l'action individuelle de chacune d'elles. Nous voyons qu'il y a un retard de huit jours quand la terre renferme environ un demi-centième de sel et qu'elle est convenablement humectée.

J'ai avancé plus haut que ce retard ne paraissait provenir que de la propriété préservatrice du sel, de sorte qu'il n'y avait eu seulement que suspension des forces vitales, analogues à celle qui a été produite (pag. 164), quand les eaux de la mer ont recouvert pendant quatre ans les terres des environs de Châteauneuf. Je vais le prouver maintenant.

Le 12 mars, quelques graines étaient encore en retard dans les n°s 4 et 5 ; dans le n° 6, plusieurs pieds n'avaient encore qu'un centimètre hors de terre. Toutes les graines non encore vides et attenantes aux racines furent soumises à un examen microscopique. Voici le résultat des observations :

Blé non salé. Toutes les parties étaient bien développées et en bon état, les graines avaient perdu toute leur fécule, les racines avaient pris un développement plus considérable, et étaient plus ramifiées que dans les pieds de Blé salé ; les racines principales avaient au moins 6 à 7 centimètres de long.

Blé salé. Les tigelles faisaient à peine saillie hors de terre, d'autres sortaient de 4 centimètres environ. Les graines étaient toujours en bon état, et contenaient une quantité considérable de fécule. Les racines et les spongioles étaient saines et ne différaient en rien de celles des Blés non salés. La fécule se présentait sous la forme de grains étoilés au centre, par la rupture des couches, sur les grains les plus volumineux ; les plus petits étaient arrondis et inégaux sur les bords.

M. Decaisne, qui a examiné l'état de ces graines, a reconnu qu'elles offraient tout à fait l'aspect de celles qui se trouvent dans un état avancé de germination, et qu'on n'y observait aucun désordre particulier, autre que celui résultant de ce premier acte de la vie végétale. Il est donc prouvé que, dans la condition où l'on a expérimenté, la graine n'a point été altérée par le sel, dont l'action s'est bornée à ralentir la germination, qui a accompli seulement toutes ses phases dans un plus grand laps de temps. Un grand nombre d'expériences, dont je ne fais pas mention ici, ont conduit à la même conséquence ; de sorte que l'on doit considérer comme un fait bien démontré que le sel en présence de l'eau, quand il n'est point en trop grande proportion, exerce une action retardatrice sur la germination, action qui a pour but de ralentir ou de suspendre l'action des forces vitales.

Jusqu'ici on ignore la nature de l'action exercée par le sel sur les matières organiques pour retarder leur décomposition ; mais on est porté à croire que le retard qu'éprouvent les graines dans leur germination est dû à un effet du même genre.

§ 5. ACTION DU SEL SUR LA VÉGÉTATION DU RIZ ET DES PLANTS D'ASPERGE.

Le 12 décembre 1847, on a semé, dans trois terrines présentant chacune une superficie de 3 décimètres carrés et remplies de bonne terre végétale, 84 graines de Riz, récoltées au Muséum d'histoire naturelle, 28 dans chaque terrine par conséquent. Les arrosements étaient journaliers; ces terrines étaient placées dans une serre dont la température était constamment de 12° à 15° centigrades.

Les terrines 1 et 2 n'avaient point reçu de sel; la terrine n° 3 en avait reçu à l'instant de la semaille.

Les tigelles commencèrent à paraître le 20 décembre dans les terrines 1 et 2; le 31 décembre, elles avaient déjà 3 à 6 centimètres de hauteur.

Dans la terrine n° 3, le 31 décembre, c'est-à-dire trois semaines après la semaille, et lorsque les jeunes plantes avaient déjà de 3 à 6 centimètres de hauteur dans les n°s 1 et 2, on n'apercevait encore que 2 à 3 tigelles. Il y avait donc eu retard dans la germination, comme dans les expériences précédemment citées. Ce retard avait été de onze jours.

Le 31 décembre, on a répandu à deux reprises, dans la terrine n° 2, 15 grammes de sel en solution: la végétation s'est développée aussitôt avec force, les tiges atteignirent bientôt un décimètre de hauteur. Mais peu à peu les plantes se flétrirent, et vingt jours après elles étaient entièrement flétries, la vie était tout à fait éteinte. La terrine cependant n'avait pas reçu plus de sel que le n° 3, à l'instant de la semaille; dans cette dernière, les jeunes plantes, après être restées quelque temps en arrière, poussèrent avec force, et le 20 mars on n'apercevait plus de différence avec celles du n° 1, qui n'avaient pas reçu de sel. Peu à peu elles s'épanouirent, devinrent plus vigoureuses. Leurs feuilles étaient d'un vert glauque, tandis que celles du Riz non salé étaient d'un vert jaunâtre.

Vers le 20 mai, les épis étaient plus formés dans les pieds salés que dans ceux qui ne l'étaient pas.

Le 28 mai, ils étaient tous sortis dans la terrine salée,

tandis qu'ils ne parurent que le 12 juin dans la terrine non salée. La maturité des graines a été également plus précoce dans la terrine salée que dans l'autre. Dans celle-ci, les épis étaient plus forts, les grains plus nourris; aussi a-t-on trouvé que 18 épis de Riz non salé ont fourni 23gr.,63 de grains, et l'autre 20gr.,59.

L'influence du sel est ici des plus remarquables; dans la terrine salée à l'instant de la semaille, il y a eu retard dans la germination, stagnation dans la végétation pendant quelque temps, puis une activité telle, que les épis parurent quinze jours auparavant dans la terrine salée que dans l'autre. La maturité eut lieu également avant; mais la surexcitation dans la partie herbacée a influencé en moins sur la grenaison.

Dans la terrine salée postérieurement à la germination, la végétation s'est développée avec une grande vigueur, et les plantes n'ont pas tardé à s'énerver, par suite d'une surexcitation; peu après, la mort s'en est suivie.

Le sel s'est donc comporté comme un excitant tellement puissant, que, dans un cas, la grenaison en a été avancée, et dans l'autre, la partie herbacée a été détruite complétement. Avec une dose de sel moins forte, il est probable que la surexcitation imprimée aux forces vitales aurait produit des effets salutaires sur la végétation.

Culture d'Asperges. Huit pieds de vieux plants d'Asperge ont été mis en terre, le 23 décembre 1847, dans une couche froide; quatre pieds ont reçu chacun 20 grammes de sel. Les pieds salés ont marqué plus de quinze jours avant ceux qui ont été soumis au régime non salé.

Le 27 avril, on a coupé les tiges qui étaient en partie montées.

Les Asperges non salées pesaient	124 gr.
Les Asperges salées	163

Asperges salées.

Les 163 gr. d'Asperges salées pesaient après dessiccation au soleil	28,7
— incinérées	2,3
Sels solubles retirés par lessivage	1,124

Composition des sels solubles.

Carbonate de potasse		0,64
Sulfate de potasse		0,28
Chlorures de potassium et de sodium		0,24
Teneur à l'état sec en chlorures	0,008	
		1,16

Asperges non salées.

Vertes	124 gr.
Sèches	22
Incinérées	1,617
Sels solubles calcinés	1,3
Teneur en chlorures	0,003

Le sel a agi, dans cette circonstance, comme un excitant. Les Asperges soumises au régime salé ont pris plus de sel que celles qui ne l'étaient pas, dans le rapport de 8 à 3.

§ 6. INFLUENCE DE LA COMPOSITION DU SOL SUR L'ACTION DU SEL DANS LA VÉGÉTATION.

Désirant savoir comment agissent les parties constituantes d'une terre végétale dans l'action du sel sur la végétation, trois terrines, présentant chacune une superficie de 5 décimètres carrés, ont été remplies de sable fin, exempt de calcaire; on les a placées dans un milieu dont la température était de 12° à 15°.

Première terrine. On a semé, le 14 mars 1848, 10, grammes de Froment, et on a arrosé de temps à autre avec de l'eau distillée. Le 25, les tiges avaient en moyenne 12 centimètres ; le 28 avril, les feuilles étaient flasques et très-allongées ; elles avaient une teinte d'un vert jaune pâle. Les tiges étaient également flasques et retombantes sur les bords de la terrine ; elles avaient alors 3déc.,5 de longueur. Ce même jour, on a coupé les feuilles à moitié, afin de raviver la végétation. Les tiges ont continué à croître, mais les feuilles étaient toujours languissantes.

Deuxième terrine. On a semé également, le 14 mars, 10 grammes de Froment, et on a arrosé en même quantité que ci-dessus ; seulement on a ajouté 4 gr. de sel à l'eau distillée du premier arrosage. Il y a eu retard dans la germination, comme cela devait arriver ; les tiges n'avaient pas en moyenne, le 25, plus de 10 centimètres, tandis que dans l'autre terrine elles avaient en moyenne 12 centimètres. Quelques pieds étaient en retard.

Le 28 avril, les tiges étaient dressées, bien portantes, quoique beaucoup moins longues que dans la terrine n° 1 ; les feuilles étaient légèrement glauques et nullement étiolées, comme celles de l'autre terrine. Le sel avait donc produit ici réellement une surexcitation dans l'action des forces vitales.

Terrine n° 3. On a ajouté au sable 30 grammes de craie en poudre, et on a semé, toujours à la même époque, 10 grammes de Froment avec 4 gr. de sel, en arrosant avec de l'eau distillée, en même temps et en même quantité que ci-dessus.

La germination et la végétation qui l'a suivie n'ont pas éprouvé sensiblement de retard.

Le 25 avril, les plants avaient un aspect glauque ; les

tiges étaient plus dressées, plus hautes que dans le n° 2, les feuilles bien développées, mais un peu moins allongées que dans le n° 1, où elles étaient en partie étiolées. Le calcaire en présence du sel avait donc produit un bon effet.

On voit donc que, dans du sable pur arrosé avec de l'eau distillée, le sel qu'on y a ajouté a manifesté son action retardatrice sur la germination des grains de Froment, tandis qu'elle n'a pas eu lieu en présence de la craie, qui a concouru avec le sel à développer une végétation assez vigoureuse. Voilà donc des effets bien distincts, dus probablement à la réaction du sel sur la craie, qui a produit du carbonate de soude et du chlorure de calcium, dans une condition convenable d'hygroscopicité.

Trois autres expériences ont été faites dans des conditions semblables, si ce n'est qu'on a mêlé au sable une petite quantité de terreau pour fournir aux plantes un engrais organique.

Le 4 avril, on a semé par parties égales 12 grammes de Blé, dans trois terrines renfermant chacune 4 kilog. de sable et 0,375 de terreau de l'année dernière.

La terrine n° 1 a reçu 125 gr. de craie en poudre.

La terrine n° 2 a reçu également 125 gr. de craie, et, en outre, 3 gr. de sel.

La terrine n° 3 n'a reçu aucune addition de craie.

Contre toute attente, la germination a été retardée dans la terrine n° 3.

Dans les deux premières, la végétation, jusqu'à la fin d'avril, n'a point montré de différence.

Le 12 mai, dans le n° 2, la végétation était plus vigoureuse que dans les deux autres terrines; les feuilles étaient d'un vert glauque, et avaient 31 centimètres de long.

Dans le n° 1, elles avaient en moyenne 25 centimètres, et leur teinte était d'un vert jaunâtre. Dans le n° 3, elles n'avaient que 16 centimètres seulement.

Ces expériences mettent encore en évidence l'influence salutaire du sel en présence du calcaire et d'un engrais organique.

§ 7. EXPÉRIENCES SUR L'INFLUENCE DU SEL DANS LA CULTURE DE CÉRÉALES EN PLEINE TERRE.

Si l'on veut se rendre compte des effets produits par le sel en pleine terre sur la végétation, il faut disposer le champ d'expériences de telle sorte, que l'on n'ait pas à craindre que les eaux pluviales transportent le sel dans les parties inférieures du sol.

On a construit à cet effet une fosse de 9 mètres carrés de superficie, de 1 décimètre de profondeur, et dont le fond et les parois étaient briquetés. Cette fosse a été divisée en neuf compartiments, ayant chacun un mètre de superficie. Les neuf compartiments ont été remplis d'une bonne terre végétale neuve, à laquelle on a ajouté un quart de terreau de matières végétales d'un an. La terre a été constamment arrosée, afin d'éviter les effets de la sécheresse.

La première rangée, composée des n°s 1, 2 et 3, a reçu : le n° 1, aucune addition de sel ; le n° 2, 69 gr. de sel ; le n° 3, 130 gr.

La deuxième rangée, composée également de trois numéros, a reçu dans chacun d'eux les mêmes quantités de sel, ainsi que la troisième rangée.

On a repiqué en février 1848, dans les n°s 1, 2 et 3 de la première rangée, 70 pieds de Froment cultivé d'hiver sous bâche.

On a repiqué de même, dans la deuxième rangée, 70

pieds d'Orge cultivée d'hiver. Dans les trois numéros de la troisième rangée, on a repiqué 70 pieds d'Avoine cultivée d'hiver.

Les neuf carrés ont été tenus constamment dans le même état d'humidité, par des arrosements fréquents.

La végétation s'est bien développée dans tous les carrés.

Le 8 juillet 1848, on a coupé l'Orge, qui avait atteint son degré de maturité ; le 20 juillet, on a coupé le Froment et l'Avoine ; il était facile de voir que les tiges des carrés salés au minimum se distinguaient de celles des autres carrés par une plus belle venue et par un aspect glauque. J'ai déterminé la teneur en chlorures des graines et des pailles.

On avait avancé que le Blé venu en terrain salé ne lui prenait pas de sel; on se fondait pour cela sur ce que l'analyse des cendres de Blé ne donnait pas sensiblement de traces de ce composé. Cette assertion est vraie, quand on expérimente en incinérant les grains de Blé, attendu que ces grains renferment une telle quantité de phosphates fusibles, que l'incinération est longue et difficile, et qu'il faut maintenir la température au rouge pendant une heure ou deux pour achever l'opération ; or, à cette température prolongée, le chlorure de sodium se volatilise, et on ne le retrouve plus dans l'analyse des cendres. On évite cet inconvénient en réduisant les grains en farine, mettant celle-ci en digestion pendant une heure avec de l'eau distillée, et remuant de temps à autre. On décante, on ajoute une nouvelle eau de lavage, ainsi de suite jusqu'à ce qu'on ait enlevé tous les sels solubles. On réunit les eaux de lavage, on évapore jusqu'à siccité et on incinère sans aucune difficulté et rapidement, dans une capsule de platine, la petite quantité de matière organique enlevée par l'eau. On traite de nouveau le résidu par l'eau pour enlever les sels solubles, dont on fait l'analyse d'après les procédés connus. Toutes les farines de Froment soumises à ce procédé d'analyse ont donné une teneur en chlorures depuis 0,0005 jusqu'à 0,001, et pour les Blés venus en terrain salé, la teneur a monté jusqu'à 0,0015.

J'ai reconnu que le Son renfermait sensiblement autant de chlorures que la farine. Voici le résultat des analyses :

1re rangée. Culture du Froment.

On a pris 175 épis dans chaque carré qui ont donné :

N° 1. Blé non salé.....	paille.....	780 grammes.
	grains.....	246,9
		1 kil.,027 gr.
N° 2. Blé salé au minimum.............	paille......	801 gr.
	grains.....	294
		1 kil.,096 gr.
N° 3. Blé salé au maximum..............	paille......	747
	grains.....	269,5
		1 kil., 055 gr.

Les quantités de paille sont donc dans le rapport :

1 : 1,03 : 0,96.

Les quantités de graine dans le rapport

1 : 1,19 : 1,09.

Teneur en chlorures de sodium et de potassium.

Teneur du Blé non salé..................	0,0007
— de la paille......................	0,0019
— du Blé salé au minimum..........	0,0010
— de la paille.....................	0,0029
— du blé salé au maximum...........	0,0015
— de la paille.....................	0,0043

La teneur en chlorures de la paille est donc plus considérable que celle des grains ; dans le carré moins salé, la quantité de grain a été d'environ un cinquième plus forte que dans le carré non salé, tandis que le carré le plus salé n'a donné qu'une différence d'un dixième.

La teneur en chlorures des grains et des pailles est d'autant plus forte, que le sol a reçu une plus forte dose de sel.

Ces expériences mettent aussi en évidence ce fait déjà observé par MM. Dubreuil, Fauchet et J. Girardin, savoir, que le sel, suivant la dose employée, n'agit pas de la même manière sur la paille et le grain.

2e *rangée. Culture de l'Orge.*

On a pris 65 pieds coupés à la racine, dans chaque carré.

		k.
N° 1. Orge non salée..	paille......	0,725
	grains.....	0,281
		1,006
		k.
N° 2. Orge salée au minimum..............	paille......	0,723
	grains.....	0,341
		1,064
		k.
N° 3. Orge salée au maximum.............	paille......	0,728
	grains.....	0,280
		1,008.

Les quantités de paille sont sensiblement dans le même rapport, et les quantités de grains comme :

1 : 1,21 : 1.

On voit que, dans le carré salé au minimum, la récolte en grains a été encore d'un cinquième plus considérable que dans le carré non salé.

Teneur en chlorures.

Orge venue sans sel..................	0,0018
Paille id	0,002

Orge salée au minimum..............	0,0025
Paille id......................	0,0036
Orge salée au maximum..............	0,00366
Paille, id........................	0,0081

Ces résultats montrent que les grains d'Orge et la paille, dans les mêmes conditions de culture, prennent plus de chlorures que les grains et la paille de Froment. La paille d'Orge dans le terrain le plus salé a une teneur de 0,008, tandis que celle de la paille de Froment n'est que moitié. D'autres expériences m'ont prouvé que la paille et les grains d'Orge prenaient plus de chlorures que la paille et les grains de Froment.

L'aspect de l'Orge salée au minimum annonçait une plus belle venue que celle des deux autres carrés.

3ᵉ *rangée. Culture de l'Avoine.*

On a pris dans chaque carré 66 pieds.

Les 66 pieds ont produit 226 épis.

		k.
N° 1. Avoine venue en terrain non salé.....	paille......	0,658
	grains.....	0,351
		1,009

Les 66 pieds ont produit 212 épis.

		k.
N° 2. Avoine venue en terrain salé au minimum..............	paille......	0,447
	grains.....	0,279
		0,726

Les 66 pieds ont produit 186 épis.

		k.
N° 3. Avoine venue en terrain salé au maximum..............	paille......	0,661
	grains.....	0,348
		1,009

Les quantités de paille sont à peu près les mêmes dans

le carré non salé et dans le carré le plus salé, et plus considérables que dans le terrain moins salé.

La teneur en chlorures dans le carré au maximum a été de 0,0021.

L'emploi du sel n'a point marqué dans la culture de l'Avoine.

Toutes ces expériences montrent que, la germination une fois accomplie, le sel agit efficacement sur la végétation, et devient partie constituante des grains, des tiges et des feuilles. Il est à remarquer que les carrés ont reçu une quantité considérable de sel; les carrés moins salés dans le rapport de 690 et 1300 kilogr. l'hectare, ces quantités réparties sur une profondeur de 0$^{m.}$,05, attendu que la terre, après son tassement, n'avait que cette hauteur.

Le sel étant une fois incorporé dans les tissus des végétaux, il s'agit de savoir si les pluies ne sont pas capables de le leur enlever, ainsi qu'aux graines. Pour savoir à quoi s'en tenir à cet égard, j'ai pris des feuilles de Nénuphar qui flottent à la surface de l'eau, et des roseaux qui plongent constamment dedans; je les ai incinérés, et j'ai fait l'analyse des cendres.

Feuilles de Nénuphar.

Feuilles sèches		33 gr.
— incinérées		13
Parties solubles	0,816	3 gr.
Parties insolubles	2,184	

Parties solubles.

Chlorure de potassium	0,275	gr. 0,810
Carbonate de potasse	0,305	
Sulfate de potasse	0,190	
Chlorure de sodium	0,040	

Parties insolubles.

Ces parties sont composées presque entièrement de carbonate de chaux.

Roseaux.

Roseaux secs		25 gr.
— incinérés		2,05
Parties solubles	0,840	2,05
Parties insolubles	1,21	
Chlorure de potassium	0,405	0,834
Carbonate de potasse	0,301	
Sulfate de potasse	0,091	
Chlorure de sodium	0,037	
Parties insolubles, composées en très-grande partie de carbonate de chaux		1,210
		2,044

Les parties solubles entrent pour plus d'un tiers dans la composition des cendres des feuilles de Nénuphar, et pour plus de moitié dans celles des Roseaux. Ainsi les sels incorporés dans les tissus de ces plantes sont tellement identifiés avec la matière organique, que l'action incessante de l'eau qui les entoure ne parvient pas à les leur enlever; ainsi le sel une fois introduit dans les céréales et les plantes fourragères doit y rester malgré l'action des eaux pluviales.

§ 8. EMPLOI DU SEL DANS LA CULTURE DE LA POMME DE TERRE POUR LA PRÉSERVER DE LA MALADIE.

Aux États-Unis, des expériences ont été entreprises dans le but de garantir les Pommes de terre de la maladie, à l'aide du sel.

M. Teschemacher, auteur de ces expériences, est parti de ce principe, que cette maladie est due à des Champignons qui, se développant successivement dans le tissu cellulaire, finissent par détruire le tubercule.

Il a commencé par s'assurer que la maladie se transmettait d'un sujet à un autre ; pour cela, il a coupé en deux une Pomme de terre malade et il a appliqué chacune des parties mises à nu sur les surfaces d'une Pomme de terre saine, coupée de la même manière. Les deux couples ont été placés sous des cloches de verre, dans une cave humide dont la température était d'environ 15° centigrades. Quinze jours après, environ, la maladie avait envahi les parties saines; au bout de deux mois, la corruption était complète. Les Pommes de terre saines, mais entières, placées à 4 centimètres de distance de Pommes de terre malades, également entières et exposées de la même manière dans la cave, n'éprouvèrent aucunement les effets de la corruption.

M. Teschemacher, en étudiant la nature de la maladie et les effets qui en résultent, a constaté des faits déjà observés en Europe. Lorsque la maladie commence à se manifester, on observe une légère coloration en jaune, dans le tissu cellulaire, précisément au-dessous de la peau; la portion colorée, vue au microscope, se montre comme un léger épaississement des parois des cellules, dont la teinte devient de plus en plus foncée. Les cellules se rompent; leur organisation est alors détruite, et la végétation des Champignons se développe aux dépens de la substance même des cellules. Les globules d'amidon sont isolés et restent intacts d'abord; la putréfaction suit la cessation de la végétation; les insectes dévorent les globules, et la masse entière finit par exhaler une odeur analogue à celle des Champignons pourris.

M. Teschemacher tire la conséquence des faits qu'il a observés, que l'on ne peut invoquer aucune cause atmosphérique inconnue, ni un état particulier des sucs de la Pomme de terre, pour expliquer la maladie qui la frappe aujourd'hui dans tous les climats, dans tous les sols, par toutes les températures froides, chaudes ou humides. Suivant lui, la cause réelle de la maladie est la présence d'un Champignon visible au microscope, sensible à l'odorat, et dont l'action sur les parois des cellules de la Pomme de terre est tout à fait semblable à celle des Champignons qui se développent sur d'autres substances végétales.

Il émet, en outre, l'opinion que les sporules des germes de ces Champignons existent à différentes hauteurs dans l'atmosphère.

M. Teschemacher a essayé ensuite différentes substances qu'il suppose pouvoir servir avantageusement pour en arrêter les progrès, et même pour empêcher son apparition. Il a employé successivement la chaux caustique, le sel commun, le sulfate de soude, l'arséniate de soude, les sulfates de cuivre, de fer, etc., en solutions plus ou moins étendues; enfin les acides chlorhydrique, nitrique et sulfurique également étendus. Il a trouvé que l'on devait donner la préférence au sel commun, en raison de la rapidité avec laquelle il dissout la substance des Champignons et de son prix peu élevé.

Plus de vingt expériences faites sur une grande échelle lui ont prouvé que les portions d'un champ de Pommes de terre soumises au régime du sel ont échappé à la maladie, tandis que celles qui ne l'étaient pas ont souffert extrêmement de ses ravages.

Le sel répandu sur le sol doit s'y trouver en quantité suffisante pour détruire les sporules au fur et à mesure de leur développement. Cette condition n'est remplie, toutefois, qu'autant qu'il est en contact avec le tubercule. Dans le salage, il faut avoir égard, comme je l'ai déjà dit, à la nature du sous-sol; car s'il est perméable, les pluies entraînent le sel dans les parties inférieures, et si cette substance, lors de la sécheresse, ne revient pas à la surface du sol, ou du moins à l'endroit où se trouvent les tubercules, le salage ne saurait produire d'effet.

M. Teschemacher assure avoir constaté que la maladie ne se développe jamais quand on emploie le sel en quantité suffisante, en mettant, par exemple, dans un sol léger, 3 hectol.,34 par 40 ares.

A priori, il est permis de croire que le sel qui, en proportions convenables, s'oppose à la décomposition et à la putréfaction des matières organiques en général, doit en agir de même à l'égard de la Pomme de terre prédisposée à la maladie et qui, ne fournissant plus aux sporules les éléments provenant de la décomposition, dont ils ont besoin pour leur développement, se trouve ainsi préservée de putréfaction. Cet effet, a-t-on dit, n'aurait lieu, toutefois, qu'en employant le sel à une certaine dose; car on prétend avoir observé en France que cette substance, à la dose d'environ 0,001 du poids de la Pomme de terre, hâte singulièrement la putréfaction du tubercule. Je doute néanmoins de cette assertion, car j'ai analysé différentes Pommes de terre dans lesquelles j'ai trouvé cette proportion de sel, et qui étaient parfaitement saines.

Suivant M. Teschemacher, la chaux caustique détruit également les Champignons, de même que le sulfate de soude, comme tendrait à le prouver l'expérience suivante de M. Green. Des Pommes de terre ayant atteint 5 à 8 centimètres de haut, furent buttées; on pratiqua à la houe autour de chaque butte une tranchée dans laquelle on mit deux sébiles d'un mélange à parties égales de sulfate de soude et de chaux. Toutes les Pommes de terre soumises à ce régime furent préservées de la maladie, non-seulement dans la terre, mais encore lorsqu'elles furent hors de terre et placées dans une cave jusqu'au mois d'avril, tandis que celles qui n'avaient pas été traitées de la même manière furent attaquées. L'arséniate de soude, les sulfates de cuivre et de fer, agissent aussi, mais avec moins d'énergie que le sel marin.

L'acide chlorhydrique étendu est celui des acides essayés qui dissout le plus rapidement les Champignons.

Je ne dois pas laisser ignorer, toutefois, que des expériences ont été faites sur de grandes surfaces par M. Boussingault, avec le sel ordinaire, le sulfate de soude, la chaux et des mélanges de ces substances qui n'ont pas donné de résultats satisfaisants. Ces résultats négatifs suffisent-ils pour infirmer les observations faites aux États-Unis? Je ne le pense pas; car rien ne prouve que l'on ait opéré de part et d'autre dans les mêmes conditions, et que l'on se soit assuré d'un côté ou de l'autre que le sel ou la chaux n'ait pas été enlevé par les eaux et transporté par elles dans les parties inférieures du sol, de sorte que, n'étant plus en contact avec les tubercules, il y aura eu absence d'action.

Au surplus, une expérience récente de M. Neumann, chargé de la surveillance des serres au Muséum d'histoire naturelle, a confirmé les observations de M. Teschemacher. Au printemps dernier, M. Neumann a planté dans un terrain de la rue de Buffon, formé de remblais, 24 litres de Pommes de terre attaquées de la maladie, en les immergeant préalablement pendant deux heures dans une solution saturée de sel. La récolte a été de 168 litres, dont 3 litres seulement de malades.

On a planté dans un terrain la même quantité de Pommes de terre également malades, mais sans immersion préalable dans l'eau salée; le produit a été de 120 litres, dont moitié d'attaquées; ce résultat est significatif.

J'ai cherché aussi à me rendre compte des effets du sel dans la culture de la Pomme de terre pour la préserver de la maladie.

Le 31 décembre 1847, on a planté en les recouvrant de feuilles, dans un terrain de remblais, vingt Pommes de terre sur deux rangées, à $0^{m.}$,33 de profondeur; on a répandu à l'entour de chaque tubercule de la première rangée 20 grammes de sel. Les tubercules de la deuxième rangée n'ont point reçu de sel.

Le 23 du même mois, on a planté dans le même terrain, à la même profondeur, une troisième rangée de dix Pommes de terre, en mettant dans chaque trou 10 grammes de sel, au lieu de 20.

En avril, les tiges ont commencé à paraître dans la rangée qui avait reçu 20 gr. de sel par pied; le 4 mai, les fleurs se sont ouvertes; la végétation était des plus vigoureuses; les tiges avaient $1^{m.}$,33 de hauteur, les feuilles étaient d'un vert glauque. Les fanes ne sont tombées que vers le 20 octobre, époque où l'on a arraché les tubercules. Quelques-uns de ceux qui étaient contigus à la surface du sol étaient attaqués, tandis qu'aucun des tubercules qui se trouvaient à une *certaine profondeur n'avait reçu d'atteinte de la maladie.*

Les dix Pommes de terre en ont produit 390 saines, pesant 31 kilog., et 30 malades du poids de $4^{k.}$,2.

Les Pommes de terre de la deuxième rangée, soumises au régime non salé, ont poussé un peu plus tard; les tiges étaient d'abord moins vigoureuses, mais elles ont fini par approcher de la force de celles de l'autre rangée. La floraison a eu lieu un peu plus tard. Elles ont été arrachées, comme les précédentes, le 20 octobre. Le produit a été de

288 tubercules, pesant 28 kilog. D'après cela, elles étaient plus grosses que les précédentes; le nombre de malades était de 10, pesant 1k.,3. Les Pommes de terre malades se trouvaient dans la partie supérieure du sol, presqu'à la surface. 20 grammes de sel par pied n'ont donc point produit d'effet sensible; mais il n'en a pas été de même, à beaucoup près, dans la rangée où l'on a mis 10 gr. de sel par pied.

Les tiges ont surpassé en beauté celles des autres rangées; les boutons de fleurs, qui s'étaient montrés bien avant que sur ces dernières, ne s'épanouirent pas; ils se flétrirent comme si la fleur avait avorté; dès le commencement de juillet, les tiges étaient à demi fanées, la maturité était à peu près achevée en août, mais on attendit le mois d'octobre pour arracher les tubercules. Aucun n'était atteint de la maladie; leur grosseur était considérable, puisque la plupart, en 10 pieds, produisirent 182 tubercules, pesant 34 kilog. Ce résultat est d'autant plus remarquable, que les Pommes de terre plantées dans les carrés environnants produisirent des tubercules dont la moitié étaient malades.

Il résulte évidemment, de ce qui précède, 1° que la cause qui a affecté les Pommes de terre réside probablement dans l'atmosphère, puisque dans la culture d'hiver les tubercules les plus rapprochés de la surface du sol sont les seuls atteints, que ceux qui se trouvent à 0m.73 de profondeur sont préservés; 2° que le sel à la dose de 10 gr. par pied, dans les circonstances où j'ai opéré, a produit d'excellents effets.

Il pourrait se faire, en raison de ce qui se passe dans la culture d'hiver, les Pommes de terre les plus rapprochées de la surface du sol étant les plus exposées à la maladie, que le salage effectué quelque temps avant la maturité suffit pour empêcher l'invasion. On se bornerait, dans ce cas, à répandre le sel autour du pied quand la terre a été humectée par la pluie. Il pourrait se faire encore que l'on obtînt de bons effets, comme l'a proposé M. Ed. Becquerel, en introduisant directement le sel dans la Pomme de terre. Il suffirait de pratiquer une cavité dans le tubercule pour le recevoir, et de fermer l'ouverture avec de la terre grasse.

§ 9. DE L'ACTION EXERCÉE PAR LE SEL SUR LES MATIÈRES ORGANIQUES.

Comment le sel agit-il sur les plantes une fois qu'il est introduit dans leurs tissus? Les herbages des prés salés, si recherchés du bétail, doivent-ils leur qualité supérieure à un degré de tendreté que n'ont pas les autres ou à un arome particulier que cet agent développerait par son action sur les matières organiques, ou bien encore à son action sur les organes du goût? On ne peut jusqu'ici répondre nettement à ces deux questions.

Tout le monde sait que le sel, à certaine dose, possède la précieuse propriété de s'opposer à la décomposition des matières animales et végétales. Pour expliquer ce fait, on a dit, sans le prouver, que cet agent rapprochait les molécules des matières organiques, augmentait la force de cohésion, et s'opposait ainsi à la réaction les unes sur les autres de leurs parties constituantes. Il est plus naturel de supposer que le sel, par l'intermédiaire de l'eau interposée ou de combinaison, forme avec les matières organiques un composé plus stable que ne le sont ces dernières; mais aucune expérience n'a encore été faite à ce sujet.

M. Chevreul a cherché, sous un autre point de vue,

l'action du sel, à l'aide de la chaleur, sur les matières organiques. Les résultats qu'il a obtenus, quoique ayant des rapports indirects avec notre sujet, méritent néanmoins d'être rapportés ici ; on les trouve consignés, 1° dans son Rapport sur le bouillon de la compagnie hollandaise ; 2° dans des Considérations sur l'emploi du sel dans l'économie animale et végétale.

Dans le premier travail, il expose les phénomènes produits dans la cuisson du Navet, de la Carotte, de l'Oignon brûlé, et de la viande, dans une solution de sel.

Quand on emploie à la cuisson des légumes de l'eau distillée renfermant $\frac{1}{125}$ de son poids de sel marin, il se forme les mêmes produits volatils qu'avec la cuisson dans l'eau distillée; peut-être l'odeur des Carottes est-elle plus suave et celle des Crucifères plus prononcée que lorsque la cuisson s'opère dans cette dernière.

M. Chevreul a porté à l'ébullition 2 litres et demi d'eau de Seine, contenant 20 grammes de chlorure de sodium, et où plongeaient :

	gr.
Navets.................	31,15
Carottes................	65,38
Oignons brûlés...........	9,60

Après 5 heures et demie d'une faible ébullition, il n'y avait qu'un demi-litre d'eau évaporée, et les légumes pesaient, après avoir été égouttés :

			gr.
Navets.........	30,70	Perte..........	0,45
Carottes.......	70,65	Augment.......	4,27
Oignons.......	22,60	Id...........	13,60

Ces légumes avaient l'odeur qui leur est propre, et à un degré un peu plus marqué que ceux qui avaient été cuits dans l'eau distillée ; ce qui les distinguait d'une manière remarquable, c'étaient la tendreté et la saveur qui étaient bien plus prononcées dans les premiers que dans les seconds; les Navets et les Carottes avaient en même temps une saveur plus sucrée, facile à distinguer, malgré qu'ils continssent du sel, et l'odeur propre à chacun de ces légumes était aussi plus intense. La différence était si grande entre l'Oignon cuit dans l'eau distillée et l'Oignon cuit dans l'eau salée, que le premier était pour ainsi dire inodore et insipide, tandis que l'autre avait, outre la saveur salée, une saveur sucrée très-prononcée, avec l'arome de l'Oignon.

En examinant la nature de l'eau dans laquelle les légumes avaient été cuits, M. Chevreul a reconnu que l'eau salée avait une couleur d'un brun rougeâtre, qu'elle exhalait une odeur plus prononcée que celle de l'eau distillée dans laquelle les mêmes légumes avaient cuit. Or, si l'on remarque que l'eau distillée avait enlevé 12gr.,84 d'extrait soluble, et l'eau salée 9 grammes seulement, il faut nécessairement reconnaître que le sel dissous dans l'eau exerce une influence sur la sapidité de l'extrait qu'il accompagnait, puisque la proportion de celui-ci à l'extrait de l'eau distillée est comme 1 : 1,4.

Des faits observés par M. Chevreul, il résulte que l'eau de Seine, tenant $\frac{1}{125}$ de son poids de chlorure de sodium, est bien plus propre à la cuisson des légumes que l'eau distillée; qu'elle leur enlève moins de parties solubles que ne le fait la seconde, et cela par suite de l'affaiblissement que l'eau éprouve, en général, dans sa force dissolvante, par l'addition d'un sel neutre; qu'elle leur donne plus de tendreté, plus d'odeur et plus de saveur.

A l'égard de l'influence de diverses eaux sur la cuisson de la viande de bœuf, l'expérience a conduit M. Chevreul aux conséquences suivantes :

1° L'eau, tenant $\frac{1}{125}$ de son poids de chlorure de sodium en solution, n'a point, pour attendrir la viande, la même influence que pour attendrir les légumes. Si la viande qu'on y a cuite n'est pas sensiblement plus tendre que la viande cuite dans l'eau distillée, elle m'a paru plus sapide que cette dernière.

D'un autre côté, la décoction salée a une odeur et une saveur un peu plus agréables que la décoction faite avec l'eau salée.

2° L'eau saturée de chlorure de sodium, qui est susceptible de ramollir les légumes qu'on y cuit, durcit la viande à un degré remarquable, et cette viande se distingue de celle qui a été cuite dans l'eau distillée et dans l'eau à $\frac{1}{125}$ de sel, par un goût prononcé de jambon. En outre, la décoction de viande dans l'eau saturée n'exhale point une odeur de bouillon aussi forte que la décoction faite avec de l'eau à $\frac{1}{125}$ de sel.

3° La viande cuite dans l'eau de puits de Paris a paru plus dure que la viande cuite dans l'eau distillée à $\frac{1}{125}$ de sel. D'un autre côté, elle était sensiblement moins sapide. La décoction de viande dans l'eau de puits était moins sapide et moins odorante que la décoction dans l'eau distillée.

4° Enfin, l'eau saturée de sulfate de chaux pur, à la température de 20 degrés est la moins propre des eaux précédemment citées, pour la cuisson de la viande. Non-seulement celle-ci diffère de la viande cuite dans l'eau distillée ou dans l'eau à $\frac{1}{125}$ de sel, par moins d'odeur, de sapidité et de tendreté, mais la décoction dans l'eau de chaux est moins odorante et plus sapide que les décoctions faites avec l'eau distillée et l'eau à $\frac{1}{125}$ de sel; l'influence du sulfate de chaux est donc vraiment remarquable.

Avec un peu de réflexion, on voit que les effets qui viennent d'être exposés, quoique n'ayant que des rapports indirects avec les deux questions posées au commencement de ce paragraphe, s'y rattachent cependant jusqu'à un certain point. Le sel, quelle que soit l'action qu'il exerce sur la végétation, est absorbé en plus ou moins grande proportion par les plantes, sans que celles-ci en éprouvent des effets fâcheux. Une fois incorporé dans les tissus, il agit probablement, quoiqu'à un degré bien moindre, de même que lorsqu'on traite les légumes avec une solution salée à une température voisine de l'ébullition; seulement dans ce cas-ci, les effets sont très-exaltés. Or, les faits observés par M. Chevreul prouvent que le sel, en s'associant aux légumes, leur donne plus de tendreté, plus d'odeur et plus de saveur; d'où l'on peut en inférer qu'en s'associant également aux plantes fourragères, il leur communique, quoiqu'à un degré beaucoup moindre, les mêmes qualités, et les rend ainsi plus propres à servir de nourriture au bétail, qui les recherche de préférence à toutes celles récoltées en terrain non salé.

Quant au bétail nourri avec des plantes salées, on sait, par expérience, que la viande est de qualité supérieure, comme le mouton de pré salé en est un exemple. La nature des herbages et le sel qui s'y trouve incorporé doivent en être les causes fondamentales; aussi doit-il exister une certaine relation entre cette qualité et les effets produits par la cuisson de la viande dans l'eau salée, effets qui sont toutefois moins marqués que ceux que l'on obtient dans la décoction des légumes.

M. Braconnot a fait quelques expériences, dont je vais rapporter les résultats, qui montrent le genre d'action que le sel exerce sur les tissus des corps organisés qui cessent de se trouver sous l'empire de la vie, ou du moins qui possèdent encore un reste de force vitale. Cet habile chimiste mit dans deux vases renfermant, l'un 18 centimètres d'eau de pluie, l'autre la même quantité d'eau tenant en dissolution un centième de sel, des branches fleuries, de même poids, de Reine-Marguerite, de Séneçon élégant, de Coréopsis élégant, d'Eschscholtzie phlox. Au bout de huit jours, la plupart de ces plantes étaient en partie flétries; mais elles l'étaient beaucoup plus dans l'eau salée que dans l'eau non salée. Celles qui se trouvaient dans cette dernière refusèrent, en quelque sorte, d'absorber de l'eau. Admettra-t-on, pour expliquer ces faits, que les branches coupées absorbent de préférence l'eau pure à l'eau faiblement salée? M. Braconnot, qui a examiné les effets produits, les explique comme il suit : L'eau de pluie non absorbée avait conservé sa limpidité, tandis que celle faiblement salée donnait des signes non équivoques de putréfaction; l'écorce de l'extrémité des branches qui y plongeaient était réduite en une espèce de putrilage. La coupe transversale du tissu ligneux paraissait obstruée, ce qui s'opposait à l'absorption. Les branches qui avaient séjourné dans l'eau non salée ne présentaient rien de semblable. Il semble, d'après cela, que le sel ait détruit les spongioles, à l'action desquelles est due l'ascension de l'eau dans les tiges.

M. Braconnot fait observer à cette occasion que les anciens chimistes connaissaient cette qualité putréfiante du sel à petite dose, particulièrement Becker et Pringle, qui en font mention dans leurs ouvrages. Il ne faut pas prendre néanmoins cette assertion dans un sens trop absolu, car l'action exercée par le sel sur les matières organiques dépend des causes qui n'ont pas encore été appréciées ; je vais en donner une preuve.

Voilà ce qui se passe, suivant M. Braconnot, au contact de l'eau salée et de branches fleuries détachées de la tige principale ; mais il en est autrement sous l'empire de la vie, comme le prouve l'action du sel sur les graines, pendant leur germination, et sur les racines pendant les diverses phases de la végétation ; il n'y a destruction des spongioles que lorsque le sel agit hors du contact de l'eau, dans les temps de sécheresse, ou lorsque la solution saline est concentrée. Les expériences suivantes serviront à mettre de nouveau en évidence les principes que j'ai posés, à ce sujet, dans le cours de cet ouvrage.

Culture de Jacinthes.

Des bulbes ont été mises en expérience le 20 novembre 1847, dans des carafes avec de l'eau distillée, et de l'eau tenant en dissolution diverses proportions de sel.

Numéros des carafes.	Quantité d'eau.	Quantité de sel.	Sel ammoniacal.	Teneur du sel.
		gr.		
1	596	0	0	»
2	»	»	»	0
3	567	5,6	»	0,01
4	640	6,1	»	0,009
5	570	2,85	»	0,005
6	583	2,91	»	0,005
7	599	3,00	3.	0,005
8	562	2,81	2,81	0,005

17 décembre, n° 1. Racines peu nombreuses et longues

26 janvier. Bourgeon floral développé ; hauteur, 4 centimètres ; spongioles altérées, annonçant un commencement de décomposition.

17 décembre, n°s 3 et 4. Racines nombreuses, d'environ 4 centimètres ; les bourgeons commencent à paraître ; végétation vigoureuse.

26 janvier. Les bourgeons floraux commencent à se développer ; il y a trois bourgeons adventifs.

17 décembre, n°s 5 et 6. Racines d'une longueur double des précédentes ; végétation très-vigoureuse.

26 janvier. Les racines continuent à être très-nombreuses et très-vivaces ; spongioles très-claires. Très-grand nombre de bourgeons adventifs, douze environ ; hauteur, 5 à 6 centimètres.

17 décembre, n°s 7 et 8. Racines comme dans les numéros 3 et 4.

26 janvier. Végétation languissante. Les spongioles commencent à s'attaquer ; bourgeons floraux peu développés.

Dans les carafes 3, 4, 5 et 6, particulièrement dans les deux dernières, la floraison s'est bien faite. Nous voyons dans ces expériences se produire des effets, sous l'empire de la vie, opposés à ceux qui ont été observés par M. Braconnot, en plongeant des branches de fleurs dans de l'eau tenant en dissolution 0,01 de sel. Cette dose de sel, loin de détruire les spongioles, les a préservées de toute altération, puisque, dans la carafe où il n'y avait pas de sel, les racines se sont promptement altérées. C'est cette prompte altération qui force de changer l'eau fréquemment, quand on adopte ce genre de culture ; cette eau, en se chargeant de matières organiques, se corrompt et putréfie les racines et les bulbes elles-mêmes. Le sel agit donc dans cette circonstance comme un préservateur. Il y a donc une différence bien marquée entre l'action du sel sur les matières organiques, selon qu'elles se trouvent ou ne se trouvent pas sous l'empire de la vie.

§ 10. OBSERVATIONS GÉNÉRALES SUR L'EMPLOI DU SEL DANS L'ALIMENTATION DU BÉTAIL.

Je n'ai nullement l'intention de traiter ici la question de l'emploi du sel dans l'alimentation du bétail, n'étant point placé dans les conditions voulues pour l'approfondir : je me bornerai à rapporter les observations que j'ai recueillies, cette année, dans les chalets du Jura, et qui portent avec elles un cachet de vérité qu'on ne saurait méconnaître ; observations qui, du reste, rentrent dans mon sujet, parce qu'elles se rattachent au mode que j'ai adopté pour l'emploi du sel en agriculture : l'adjonction de cet agent aux fumiers de ferme.

Dans l'établissement agricole de Montorge, commune de Villers (Doubs), appartenant à M. Jobez, on nourrit habituellement quarante-huit vaches laitières, douze élèves et vingt bœufs. Tout le lait est transformé en fromage. Une vache donne en moyenne quatre litres de lait par jour. Dans cet établissement, comme dans tous ceux du Jura que j'ai visités, on donne, chaque jour, en deux fois, 40 grammes par tête de bétail, dans un breuvage appelé buvette, composé de petit-lait provenant de la fabrication du fromage et de son ; breuvage dont les vaches sont très-friandes.

On a remarqué que cette addition de sel maintient les vaches en corps, augmente la durée de leur lait, ainsi que la quantité ; que les vaches ont plus d'appétit et une plus grande envie de boire ; qu'elles ont un plus bel aspect, comme je m'en suis assuré en comparant des vaches ne recevant pas de ration de sel à celles auxquelles on en donne ; les premières ont le poil rude et hérissé, tandis que les autres ont le poil lisse, indice d'une bonne santé.

On diminue la ration quand la bête est malade, afin de ne pas l'échauffer. Le lait des vaches soumises au régime salé est considéré, par les fruitiers chargés de la fabrication des fromages, comme de qualité supérieure. Il est plus gras, et pèse 1° de plus au lactomètre. Cette appréciation est celle des nourrisseurs du Jura.

A l'établissement agricole dépendant des forges de Siam, appartenant à M. Jobez, représentant du peuple à l'Assemblée nationale, et situé dans les environs de Lons-le-Saulnier (Jura), on ajoute également à l'alimentation des vaches une ration de sel, qui n'est que de 33 grammes, au lieu de 40. Cette ration est mêlée également à la buvée ou est répandue sur le fourrage.

On a remarqué, dans cette localité, comme dans celles où l'on emploie le sel dans la nourriture du bétail, que cet agent est un moyen de lui faire manger des herbages, dont il ne voudrait pas sans cela, tels que des plantes crues dans des terrains humides ou marécageux. Il est digne de remarque que le bétail, une fois habitué à cette nature de fourrage, continue à s'en nourrir sans addition de sel. Je citerai particulièrement le tussilage, plante fort abondante dans cette partie du Jura. Il est inutile de dire que le sel administré passe dans les excrétions, et sert ainsi à enrichir les engrais d'une substance précieuse pour la végétation.

CONCLUSIONS.

En récapitulant tout ce que j'ai dit concernant les engrais minéraux, on arrive aux conclusions suivantes :

1° La chaux agit mécaniquement sur les terres et chimiquement sur les composés organiques qu'elles renferment; mécaniquement, en ce que, une fois éteinte et hydratée, elle abandonne son eau de constitution, pour se combiner avec l'acide carbonique de l'air et se transformer peu à peu en carbonate qui, se trouvant dans un grand état de division, ameublit la terre.

Elle agit sur les matières végétales et animales, en donnant naissance à divers composés qui servent à la nutrition des plantes, et probablement sur l'argile, comme le pense M. Liebig, pour séparer de l'alumine la silice qui, étant à l'état naissant, se dissout dans l'eau, et est transportée par elle dans l'intérieur des végétaux.

La marne se comporte d'une manière analogue; elle

divise la terre, facilite le filtrage des eaux et l'introduction des agents atmosphériques dans le sol. Elle opère, dit-on, la décomposition des silicates alcalins et terreux, absorbe des principes azotés, et fournit aux végétaux du bicarbonate de chaux.

Le carbonate de magnésie, jouissant de propriétés physiques et chimiques analogues à celles du carbonate de chaux, peut être substitué à ce dernier; mais comme il a plus d'affinité que lui pour l'eau, sa présence dans une terre tend à la rendre plus fraîche. Suivant Bergmann et plusieurs agriculteurs, ce composé entre pour une quantité notable dans la composition des meilleures terres arables.

2° L'existence des alcalis minéraux dans les végétaux prouve que les sels à base de potasse et de soude sont indispensables à la végétation, et que, lorsque le sol en est privé, il faut les lui donner, dans des proportions qui dépendent du degré d'hygroscopicité du sol et de diverses causes.

En général, dans les terres fertiles, la potasse ne se trouve qu'en petite proportion; cependant partout où cette substance est en quantité notable, la végétation est des plus belles, comme on en a la preuve dans les terres attenant à des granites en décomposition, qui leur fournissent continuellement cet alcali : la Limagne en est un exemple. Il en est de même dans des terrains qu'on arrose avec une lessive alcaline, ou qui se trouvent dans le voisinage des savonneries. L'action excitante de l'alcali ne saurait donc être mise hors de doute.

Les cendres qui proviennent du bois ou de la tourbe, lessivées ou non lessivées, agissent sur les plantes en raison de leur composition et de la petite quantité d'alcali qu'elles renferment. L'efficacité des cendres est telle qu'elle n'a pas échappé aux peuplades sauvages de l'Amérique et de l'Afrique, qui brûlent leurs forêts pour se procurer, au moyen des cendres, un engrais précieux.

3° Le gypse ou sulfate de chaux, avec le concours d'engrais organiques, agit puissamment sur les prairies artificielles composées de plantes appartenant à la famille des Légumineuses. Son mode d'action ne paraît pas encore expliqué. Davy avait émis l'opinion que le Trèfle et autres végétaux, qui profitent d'une manière si remarquable quand ils sont plâtrés, absorbaient une grande quantité de sulfate de chaux, que l'on retrouvait dans leurs cendres. M. Boussingault a démontré que le plâtre ne devait pas être considéré comme un aliment nécessaire aux Légumineuses.

M. Liebig a supposé que le plâtre jouissait de la faculté d'absorber des quantités infiniment petites de carbonate d'ammoniaque, dont M. de Saussure a constaté la présence dans les eaux de pluie. Cette absorption effectuée, le carbonate agit sur le sulfate de chaux; il se produit du carbonate de chaux et du sulfate d'ammoniaque qui n'est point volatil, et dont l'action sur la végétation ne saurait être contestée.

M. Boussingault a discuté la valeur de cette théorie, en s'appuyant sur des observations qui lui sont propres et qui sont de nature à l'infirmer. Il a cherché à prouver que le plâtre n'agit utilement qu'en introduisant dans le sol de la chaux. M. Arthur Young ayant prouvé que le plâtre produit également de bons effets sur les terres calcaires, on est alors dans le doute si l'on doit adopter ou rejeter la manière de voir de M. Boussingault. On voit donc que toutes les théories mises en avant pour expliquer les effets du plâtre laissent beaucoup à désirer, et que l'on est conduit à supposer, avec vraisemblance, que cette substance excite les organes respiratoires des plantes sur lesquelles elle agit.

4° L'existence de l'acide phosphorique dans les végétaux, ainsi que dans les graines des Céréales qui en renferment des quantités assez notables, combinées avec diverses bases, démontre la nécessité de l'introduire dans le sol quand il ne s'y trouve pas.

Les os ajoutés au sol agissent, non-seulement par leur phosphate de chaux, mais encore par la matière azotée qu'ils renferment. Il ne suffit pas que le phosphate de chaux se trouve dans le sol, il faut encore qu'il y rencontre un dissolvant, tel que l'acide carbonique, le *sel marin*, des sels alcalins ou ammoniacaux. Quand le terrain est quartzeux, qu'il est privé de terreau, *ou de sel*, le phosphate ne parvient que très-difficilement dans les plantes. On explique ainsi l'absence d'action des os sur différents sols.

5° Les composés solubles de fer sont employés avantageusement pour détruire la chlorose et l'étiolement des plantes; ils agissent donc dans le règne végétal, comme dans le règne animal, pour produire des effets analogues.

6° Les nitrates agissent efficacement sur la récolte de Froment, comme sur celle des plantes fourragères.

7° Les sels ammoniacaux, d'après les expériences de MM. Schattenmann et Kuhlmann, produisent des effets remarquables. M. Boussingault, ayant cherché à se rendre compte des effets produits, a été conduit à admettre pour les expliquer, que le sulfate d'ammoniaque et le carbonate de chaux, quand ils sont mélangés à l'état pulvérulent, et qu'ils ne contiennent que la quantité d'eau nécessaire pour réagir l'un sur l'autre, se décomposent réciproquement en produisant du sulfate de chaux et du carbonate d'ammoniaque qui, en se dégageant, agit puissamment sur les végétaux en raison de l'ammoniaque qu'il renferme.

8° Quant au sel (chlorure de sodium), voici les conséquences auxquelles conduisent les observations et les expériences faites jusqu'ici : on voit que les terrains salés naturellement, entretenus dans un état constant d'humidité par des fossés d'enceinte ou au moyen de roseaux placés sur le sol, jusqu'à ce que les végétaux aient pris de la force, on voit, dis-je, que ces terrains sont favorables à la culture des Céréales et des plantes fourragères, qu'ils donnent des récoltes abondantes, que les fourrages sont très-recherchés du bétail, dont la viande est de qualité supérieure : on voit encore que le sel détruit dans les prairies les Joncs et probablement d'autres plantes marécageuses.

Les bosses ou bossis des marais salants de l'Ouest, sous un climat humide, formées des curures de ces marais, sont le siége d'une belle végétation, exemple remarquable des avantages que l'on peut retirer du concours simultané de l'eau, du sel, et des matières organiques en décomposition. C'est donc dans ces localités où il faut aller chercher le véritable secret de l'influence que le sel peut exercer en agriculture, comme engrais minéral.

Des expériences multipliées ont prouvé que le sel, à certaine dose, retarde la germination, en s'opposant pendant plus ou moins de temps aux changements qu'éprouve la matière amylacée, pour se transformer en gomme et en sucre, qui servent à la nourriture de l'embryon. Ce retard, qui est dû à la propriété que possède le sel de s'opposer à la décomposition des matières organiques, ne cause aucun désordre dans l'organisation de l'embryon, puisque toutes les phases de la végétation s'effectuent ensuite comme s'il n'avait pas eu lieu.

La germination une fois accomplie, le sel agit avec le concours de l'eau et des engrais, soit en s'introduisant dans les organes et les tissus des végétaux, sans se décomposer et sans en être expulsé par le travail incessant de l'excrétion et par les eaux pluviales, soit en étant décomposé préalablement par le calcaire, d'où résultent du carbonate de soude, qui est un puissant excitant pour la végétation, et du chlorure de calcium qui est emporté par les eaux. L'expérience démontre effectivement que le calcaire, dans les terrains siliceux ou argileux, en présence du sel, produit de bons effets.

La double décomposition produite, sous les influences atmosphériques, au contact du calcaire et du sel, explique un fait remarquable observé par M. Quénard. Cet agriculteur a reconnu que le sel, dans sa localité (canton de Courtenay, département du Loiret), ne fait sentir son influence sur la végétation que plusieurs années après avoir été enfoui. Il a constaté ce fait sur trois planches, l'une de Pommes de terre, et les deux autres de Blé et d'Avoine. Le sel, la première année, n'a produit aucun effet sensible à la vue sur les trois cultures ; mais depuis cette époque, et pendant un laps de quatre années, le terrain salé n'a cessé de se reconnaître, chaque année, à la belle venue des récoltes.

Le sel agit-il, quand il est employé dans des proportions convenables, comme un simple excitant qui favorise la végétation, avec le concours toutefois de l'eau et des engrais ; ou bien se borne-t-il à fournir aux végétaux la soude, à défaut de potasse, élément qui leur est indispensable pour leur développement ? Cette double question, comme on a pu le voir dans la partie historique, a été jusqu'ici un sujet de discussion entre les chimistes et les agriculteurs. Les uns prétendaient que le sel ne devait se trouver dans le sol qu'en petite quantité, puisque les cendres des végétaux n'en renfermaient qu'une très-faible proportion ; les autres, tout en partageant cette manière de voir, admettaient qu'il intervenait dans la vie végétale, comme dans la vie animale, en favorisant les élaborations qui servent à l'entretenir. Mon attention a dû se porter sur cette double question.

Tout en reconnaissant qu'une terre convenablement amendée, pourvue d'engrais suffisants, donne des récoltes abondantes sans l'intervention du sel, j'ai examiné si, dans certaines conditions, une addition de cette substance n'était pas capable d'augmenter la quantité et la qualité des produits. Les faits observés par divers expérimentateurs et par moi m'ont mis à même de répondre affirmativement à cette question.

Mes expériences sur le Riz mettent bien en évidence l'action excitante du sel à l'égard de cette graine : on voit effectivement du Riz, soumis au régime salé, après la germination, croître avec force, s'étioler et périr ; tandis que du Riz qui a reçu la même quantité de sel avant la germination, afin de l'habituer à son action, après avoir éprouvé un retard dans la germination et la végétation qui la suit, se mit à végéter au mois de mai avec une telle force, que les épis parurent quinze jours avant que dans la culture non soumise au régime salé. L'action excitante du sel est ici bien manifeste ; les plants qui ne purent la supporter périrent. Cette expérience, et d'autres rapportées dans le dernier chapitre, démontrent la nécessité de présenter aux végétaux, de l'eau, des engrais organiques en même temps que le sel, afin qu'ils puissent prendre au sol toute la nourriture dont ils ont besoin par suite de l'action excitante de cet agent.

La quantité de sel à donner au sol dépend de la nature de ce dernier, de celle de son sous-sol, et de son état hygroscopique ordinaire. Si le sous-sol est perméable ou que le terrain soit suffisamment incliné, il peut se faire que le sel soit enlevé en presque totalité par les premières pluies. Je citerai pour exemple les terrains de la rue de Buffon, appartenant au Muséum d'histoire naturelle, et qui sont formés de déblais et de terreau très-perméables. Quelques portions de ces terrains ayant été salées à la dose de 1000 kilog. par hectare, en novembre 1847, deux mois après l'analyse en accusait à peine des traces dans la terre; les pluies d'hiver l'avaient donc enlevé en presque totalité : aussi la teneur en sel des plantes était-elle assez faible.

Si le sous-sol est imperméable, le sel revient à la surface, au fur et à mesure que l'eau s'évapore, et il peut en résulter des effets fâcheux ou salutaires, suivant la quantité d'eau adhérant aux racines.

Dans les terrains sablonneux à fond imperméable, le sel ne peut produire d'effets salutaires qu'autant qu'il est associé à des engrais non entièrement décomposés, qui conservent toujours assez d'humidité, pendant la sécheresse, pour le retenir; cet agent est présenté alors aux végétaux, dans les conditions les plus favorables, surtout si l'on introduit dans ces terrains de l'argile qui retient également de l'eau.

Dans les mêmes terrains, quand le sel n'est pas associé aux engrais, il agit d'une manière destructive quand il arrive sur les racines et que l'eau s'évapore sans être remplacée par celle des bassins inférieurs.

Les terrains argileux et marnés paraissent être les plus favorables pour recevoir le sel, attendu, d'une part, que ce sont ceux qui conservent le plus longtemps de l'humidité; de l'autre, parce qu'ils renferment du calcaire, agent qui concourt avec le sel et les engrais organiques à produire de bons effets. De l'eau, du sel, de l'argile, du calcaire et des matières azotées, voilà des éléments de succès pour la végétation.

Il est reconnu que les plantes salées constituent d'excellents fourrages qui donnent une qualité supérieure à la chair du bétail qui s'en nourrit. Si l'on admet qu'un fourrage ait une teneur de 0,002, dans l'état de sécheresse ordinaire, et qu'une vache en consomme par vingt-quatre heures 10 kilog., elle recevrait donc, dans sa nourriture, 20 grammes de sel, moitié de la ration ordinaire donnée dans le Jura. Le fourrage récolté dans des terrains salés est, sans aucun doute, le meilleur mode que l'on puisse adopter pour administrer le sel au bétail, puisqu'il serait également réparti dans les tissus végétaux.

On ne peut ériger en règle générale qu'il faille répandre 100, 200, 300 kilog. de sel par hectare, attendu que la quantité à introduire dans le sol dépend de celle qui lui reste quand il a été lavé par les eaux pluviales, et qui est ramenée à la surface au fur et à mesure de l'évaporation. Ce qu'il y a de mieux à faire, je le répète, est d'incorporer le sel dans les fumiers, afin que l'humidité dont ils sont toujours imprégnés le retienne le plus longtemps possible dans le sol.

Quant à l'emploi du sel, dans la culture de la Pomme de terre, pour la préserver de la maladie, les expériences de M. Teschemacher, celles de M. Neumann et les miennes sont d'un heureux augure pour que cet emploi soit salutaire. Mes expériences ont mis deux faits importants en évidence : 1° la culture d'hiver dans un terrain de remblais, en plantant le tubercule à $0^m,33$ de profondeur, n'a produit de tubercules atteints de la maladie que dans la partie qui avoisine la superficie du sol ; 2° une dose de 10 gr. mise au fond de chaque trou a réagi de telle sorte que toutes les Pommes de terre ont été saines et d'une grosseur colossale ; les Pommes de terre plantées de printemps sans sel ont donné une récolte dont la moitié a été gâtée.

L'expérience a démontré que le Blé récolté dans un terrain salé contient lui-même une quantité assez notable de sel. Or, les avantages que l'on peut retirer du Blé salé sont faciles à entrevoir : la teneur en sel, qui peut aller jusqu'à 0,0015, suffirait probablement pour le préserver d'altération dans les lieux humides ainsi que pendant la germination. Quant au Blé qui n'est pas salé, on pourrait, comme on l'a déjà fait dans quelques localités, remplacer le chaulage par une immersion dans l'eau salée, pendant assez de temps pour qu'elle pénétrât dans l'intérieur des grains. La germination en serait retardée de quelques jours, si la quantité de sel toutefois était suffisante et que l'eau environnante ne l'enlevât pas immédiatement ; mais l'on soustrairait probablement ainsi le Blé aux maladies qui l'affectent quand il est en terre.

Qui sait aussi si le sel, entraîné par la séve dans les tiges et les grains des Céréales, ne préserverait pas le grain lui-même de la carie et des maladies qui se développent à l'instant de la maturité ? Ce sont des idées jetées en avant qui peuvent devenir le sujet d'expériences importantes pour l'agriculture.

Les expériences de M. Kuhlmann, celles de MM. Dubreuil, Fauchet et J. Girardin, ainsi que les miennes et une foule d'observations relatives à l'état de la végétation dans les terrains salés naturellement, démontrent incontestablement que le sel employé dans des conditions convenables augmente la production en grains, en paille et en fourrage.

On voit, d'après ce qui précède, que la question de l'emploi du sel en agriculture, comme engrais inorganique, est complexe, et qu'on a tout lieu d'espérer que cet agent rendra de grands services à l'agriculture lorsque l'on aura trouvé des moyens faciles et économiques de mettre en pratique les principes qui ont été exposés dans cet ouvrage.

TABLE DES MATIÈRES.

	Pages.
Préface	v
Considérations générales sur la vie végétale	1

CHAPITRE Ier.

Des terres arables.

§ 1. Des principaux éléments inorganiques et organiques qui entrent dans la composition des terres arables	11
§ 2. Des procédés d'analyse pour trouver la composition des terres arables	21
§ 3. Des propriétés physiques des terres arables	37
§ 4. Des différentes terres arables	46

CHAPITRE II.

Des matières inorganiques contenues dans les végétaux.

§ 1. Des cendres des végétaux	65
§ 2. Des rapports entre la composition des cendres des végétaux et celle des terrains où ils croissent	71

CHAPITRE III.

Des engrais inorganiques.

§ 1. De l'eau	90
§ 2. De la chaux et des carbonates de chaux et de magnésie	97
§ 3. Du sulfate de chaux	109
§ 4. Des phosphates	125
§ 5. Des carbonates alcalins et des cendres	128
§ 6. De l'action des composés ferrugineux sur les végétaux, et de son application au traitement de la chlorose et de la débilité des plantes	136

CHAPITRE IV.

Des engrais organiques; des sels ammoniacaux et des nitrates.

Pages.

§ 1. Des engrais organiques en général.......... 140
§ 2. Des nitrates et des sels ammoniacaux.......... 143

CHAPITRE V.

Du sel (chlorure de sodium) considéré comme engrais inorganique.

§ 1. De l'état de la végétation dans les terres salées naturellement.......... 160
§ 2. Des opinions émises sur le sel considéré comme engrais inorganique.......... 176
§ 3. Des effets observés par M. Kuhlmann sur la végétation, par l'action de quelques sels inorganiques, et en particulier du sel marin, associés aux engrais ordinaires.... 159
§ 4. De l'influence du sel sur les premiers actes de la végétation.......... 201
§ 5. Action du sel sur la végétation du Riz et des plants d'Asperge.......... 211
§ 6. Influence de la composition du sol sur l'action du sel dans la végétation.......... 214
§ 7. Expériences sur l'influence du sel dans la culture des Céréales en pleine terre.......... 217
§ 8. Emploi du sel dans la culture de la Pomme de terre pour la préserver de la maladie.......... 223
§ 9. De l'action exercée par le sel sur les matières organiques.......... 230
§ 10. Observations générales sur l'emploi du sel dans l'alimentation du bétail, en vue des engrais salins.......... 238
CONCLUSIONS.......... 240
Addition.......... 253

ADDITION.

M. Persoz vient de faire connaître, dans le compte rendu des séances de l'Académie des sciences, t. XXVII, p. 561, des détails pleins d'intérêt concernant la culture de la Vigne, et qui doivent trouver naturellement leur place ici. Je transcris littéralement ce qu'il y a de plus important dans la note communiquée :

« Il est des matières qui servent, les unes exclusive-
« ment, à l'accroissement de la cellule, c'est-à-dire du
« bois ; les autres, au développement du germe (fruit, ou
« raisin); l'action de ces substances, au lieu d'être simul-
« tanée, doit être successive. Par l'application de ces prin-
« cipes, nous arrêtons à volonté l'accroissement du bois,
« que dans les procédés habituels on ne maîtrise que par
« des moyens artificiels et empiriques. Quand il s'agit de
« favoriser le développement des sarments, la manière de
« les traiter est celle-ci : On les recouvre, après qu'ils ont

« été couchés dans la fosse, de 6 à 7 centimètres d'une terre « dans laquelle on a mélangé, pour chaque mètre carré « de surface de la fosse, 3 kilogr. d'os pulvérisés, $1^{k.}$,500 « de rognures de peaux, débris de tannerie, corne, sabots, « et 500 gr. de plâtre.

« Quand, au bout d'un an ou deux, suivant les cas, les « bois sont suffisamment développés, on fournit aux ra- « cines des sels potassiques qui doivent déterminer la « pousse du raisin. A cet effet, on répand au-dessus de « la fosse, à une distance de 7 à 8 centimètres des sou- « ches enterrées, 2 kilogr. par mètre carré de surface, « d'un mélange formé de 3 kilogr. de silicate potassique, « et de 1 kilogr. de phosphate double potassique et cal- « cique. On comble alors la fosse, et les racines ont pour « longtemps la quantité de potasse qui leur est nécessaire. « Pour prévenir l'épuisement de celle-ci, il est bon de « déposer chaque année, au pied des cep, une certaine « quantité de marc de raisin; ce marc fournissant 2,5 « pour cent de carbonate de potasse, restitue annuelle- « ment à la fosse une bonne quantité de la potasse qu'il « avait enlevée. »

www.ingramcontent.com/pod-product-compliance
Ingram Content Group UK Ltd.
Pitfield, Milton Keynes, MK11 3LW, UK
UKHW021129260726
13994UKWH00001B/64